U0570772

有趣的化学

★ ★ ★ ★ ★

元素的发明与利用

刘珊珊◎编著

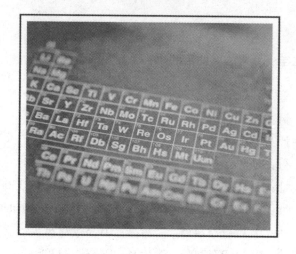

在未知领域　我们努力探索

在已知领域　我们重新发现

延边大学出版社

图书在版编目（CIP）数据

有趣的化学：元素的发明与利用 / 刘珊珊编著 .—延吉：
延边大学出版社，2012.4（2021.1 重印）

ISBN 978-7-5634-4632-2

Ⅰ.①有… Ⅱ.①刘… Ⅲ.①化学元素—青年读物
②化学元素—少年读物 Ⅳ.① O611-49

中国版本图书馆 CIP 数据核字 (2012) 第 051709 号

有趣的化学：元素的发明与利用

————————————————————————

编　　　著：刘珊珊
责 任 编 辑：何　方
封 面 设 计：映象视觉
出 版 发 行：延边大学出版社
社　　　址：吉林省延吉市公园路 977 号　　邮编：133002
网　　　址：http://www.ydcbs.com　　E-mail：ydcbs@ydcbs.com
电　　　话：0433-2732435　　传真：0433-2732434
发行部电话：0433-2732442　　传真：0433-2733056
印　　　刷：唐山新苑印务有限公司
开　　　本：16K　690×960 毫米
印　　　张：10 印张
字　　　数：120 千字
版　　　次：2012 年 4 月第 1 版
印　　　次：2021 年 1 月第 3 次印刷
书　　　号：ISBN 978-7-5634-4632-2

————————————————————————

定　　　价：29.80 元

前 言 ●●●●●●
Foreword

如果单从"化学"这一词来讲，就是"变化的科学"。化学是一门人尽皆知的自然科学知识，但是你真正的了解化学吗？你知道化学元素和利用吗？

在远古的时候，原始人类为了自身的生存，与大自然中的种种灾难进行抗衡，于是就发现了火的再生并加以利用。当原始人类学会用火的时候，就代表了人类从野蛮的时代进入了文明时代，同样也就开始了用化学的方法来改造天然物质。火是一种燃烧现象，火的利用给人类带了方便，让人类变得更加强大。当然，还有人类对于碳的认识，在远古的时候人类就会使用碳技术，这也说明了古时候的人类对于时代的进步也非常的重视。就这样在生存的条件之下，对于物质进行分析研究，一步步地展开探讨，发现了元素，也逐渐利用元素给人类带来了便捷。

并不是所有的化学元素都会给人类带来便捷，有些化学元素甚至会给人类带来伤害，一些元素会在氧气中氧化，还有一些元素会在酸性物质中产生反应，这些化学元素都有自己的特性，在某些具备反应的条件下就会发生一种难以想象的危害。有人说过，古罗马人类灭亡的原因就是因为大量的铅中毒，那么他们为什么会铅中毒呢？铅在什么样的条件之下会产生中毒的征兆呢？还有人在探索秦始皇陵中的兵马俑的时候，发现有大量的水银，为什么要把水银放入到地宫中呢？这些问题一直是人类探讨的问题。当然，在今天不断发展的社会中，这些问题的答案也将逐一浮现在人类的眼前，让你对这些元素有真正的了解，认识这些元素的各种性质，以及这些元素在生活中是怎样被利用的？为什么要利用这些元素？让我们通过元素的发现和利用一起去探索"宇宙万物"的奥秘，在这个探索过程之中，发现化学的神奇。

第❶章

从实践之中发现元素

第❷章

科学实验让元素问世

第❸章

经过分析得出元素

第❹章

电池之后发现元素

第❺章

经过分析创造发现元素

从
第二章
实践之中发现元素
CONGSHIJIANZHIZHONGFAXIANYUANSU

古时候人类的科技并不发达，人类为了社会的进步和发展而展开一次次的实践活动，让社会能够尽快的发展。古代的人类已开始把煤炭用于生活，用一切器具让自己的生活可以更方便。由于科技并不先进，他们并不知道一些元素的存在。但是，元素就是从实践中发现的，今天我们才能够得以利用。本章就带你认识一些人类实践发现的元素，让你对那些元素有深入的了解。

最早认识的碳元素

Zui Zao Ren Shi De Tan Yuan Su

你对碳的认识有多少呢？你知道碳有什么作用吗？碳是自然界中分布相当广泛的元素之一。在自然界中碳以游离状态存在，其存在形式有金刚石、石墨和煤，各式各样的煤在自然界中的分布也非常的广泛。煤中含碳达 99%。碳的化合物更是样式繁多，从空气中的二氧化碳和岩石、土壤中的各种碳酸盐，以及在动植物组织中成千上万种的有机化合物。并且人们还可以轻易地取得碳

※ 碳元素

的一些游离状态的产物，比如木炭、骨炭、炭黑等等。其实这就肯定了碳在人类历史上就被发现和有效的利用了。

随着火被人们所发现，木炭、骨炭就逐渐地被人们发现。1929 年在北京城西南周口店山洞里发现了猿人的头骨化石。中国猿人大约在 50 万年前生活在这个地方。在这些山洞里，还发现了一些木炭和被烧过的兽骨之类的有机体，经过化验证实其中有单质碳存在。

人类从石器时代进入青铜时代后，木炭就开始被人们广泛的利用，人们不仅将木炭作为燃料，而且还将木炭用作还原剂之类。我国许多古代冶炼金属场地的发掘中都证实了这一点，例如，在 1933 年河南省安阳县发掘到商代（约公元前 16 世纪到公元前 1066 年）冶炼铜的场地，就有大块的木炭存在，直径在 3.3 厘米～6.6 厘米左右。

随着冶金工业的不断发展，人们找到了比木炭更加廉价的燃料和还原剂，就是今天被我们广泛利用的煤。根据古代文献记载，我国在汉朝

的时候就知道煤的用途。《汉书·地理志》记述着："豫章郡出石，可燃为薪。"煤是一种可以燃烧的石头。我国考古工作者在山东省平陵县汉初冶铁遗址中发现煤块，说明我国西汉初期，即公元前 200 年左右，就已经开始使用煤炭技术了。

马可波罗在元朝初期回归国之后游记中，曾经把"用石作燃料"列为专章介绍。他写到："契丹全境之中，有种黑

※ 木炭

石，采自山中，如同脉络，燃烧与薪无异；其火候且较薪为优，若夜间燃火，次晨不息。其质优良，致使全境不燃他物，所产木材固多，然不燃烧，黑石之火力足而其价亦贱于木也。"在那个时候，这位欧洲人曾看到我国人民用煤作为燃料，对此十分的惊奇，就当作奇闻大写特写，但是他哪里知道我们的祖先已经使用煤燃料将近一千年了。而英国到了 13 世纪的时候才建矿采煤。

在 17 世纪初期的时候，我国明朝末年思想家方以智（1611—1671）在他编著的《物理小识》中也讲到煤："煤则各处产之，臭者烧熔而闭之成石，再凿而入炉曰礁，可五日不灭火，煎矿煮石，殊为省力。"这里的"臭者"是指含挥发性物较多的煤；这里的"礁"就是指"焦炭"。在早期明朝的时候，我国已经知道怎样利用煤炭放置在密封的容器中进行加工研制成焦炭，用在"煎矿煮石"冶炼金属中。欧洲在 18 世纪初才知炼焦，相比我国晚了大约 1 个世纪。黑炭是燃料油在空气不充足的条件下不完全燃烧中产生的物品，又称为油烟或者是灯黑。我国是最早生产炭黑的国家，早在 3 世纪的晋朝时期，黑炭已经非常的兴旺发达，黑炭是制造中国墨的原料。而碳还有另一种同素异形体金刚石，经常会在古代印度的著述中被提到。这是因为印度时常出产金刚石的原因。南美

洲巴西和非洲南非也都先后发现过金刚石。而金刚石是自然界中最坚硬的物质，外观光彩夺目，灿烂无比，再加上产量比较的稀少，也因此金刚石的价值比较的昂贵，称量不以克计，而以 200 毫克为 1 克拉计。据统计，在世界上超过 1000 克拉的金刚石仅仅有 2 颗，超过 500 克拉的有 20 颗左右，100 克拉以上的约有 1900 颗。目前世界上知道的最大的一颗是 1905 年在南非发现的，其重量达到 3016 克拉。

知识库

其实煤在我国古代的名称非常多，如石涅、涅石、乌金、黑丹、石炭等等。就连石墨在我国古代文献中也是煤的别名，石墨在 16 世纪间被欧洲人发现，但是曾经也被误认为是含铅的物质，而被称为"绘画的铅"，也曾被欧洲的矿物学家们归入滑石、云母一类，石墨也是经过多重考察才被利用。到 1779 年，瑞典化学家谢勒指出，将石墨与硝酸钾共熔后产生二氧化碳气体，这个时候就确定它就是一种矿物木炭。直到 18 世纪中叶的时候，在欧洲开始出现利用用石墨粉制造的铅笔使用，最初使用的是胶、蜡等混合制成笔芯，在用纸卷起来放置在铁管中才进行使用。只是到 1789 年才开始用黏土混合制成笔芯，放置在刻成条槽的木棍中，再用线绳捆绑而成。

1955 年，美国通用电气公司宣布人造金刚石成功，这是将石墨在熔融的硫化铁中经受高温和高压获得的，此举证明了人类金刚石技术逐渐成熟。早在 1722 年，法国化学家拉瓦锡进行了燃烧金刚石的实验活动，把金刚石放置在玻璃钟罩内，用取火镜把日光聚焦在金刚石上，这样使金刚石进行燃烧，得到了一种无色的气体，将该气体通入澄清的熟石灰水中，得到白色碳酸钙沉淀，就像是木炭燃烧的结果一样。他作出了这样的结论：在金刚石和木炭中同样都含有的"基础"，命名为 carbone。这一词来自拉丁文 Carbo（煤、木炭），称为碳。碳的拉丁名称 carbonium 也由此而来，它的元素符号 C 就是采用它的拉丁名称的第一个字母。也正是拉瓦锡的发现，才能够把碳首先的列入 1789 年发表的化学元素表中。一直到 20 世纪后半叶，1985 年美国斯莫利、科尔和英国克罗托几位科研人员应用激光辐射的石墨，在产生的一些碳蒸气中发现由 60 个碳原子组成的分子 $C60$，并且成为碳元素中木炭、焦炭、骨炭、炭黑等没有定性碳和石墨及金刚石两种结晶碳外第 4 种碳的同素异形体。

其实同素异形体就是指同一化学元素因为结构的不相同而形成了不一样的单质。木炭等是无定形体，石墨和金刚石是晶体。而晶体又不同于无定形体，晶体的外表具有整齐和有规则的几何外形，也有固定的熔点。石墨和金刚石虽然都同为晶体，但是它们之间的结构也不同。石墨呈现出层状结构，同层碳原子间的距离是 14.2 纳米，层与层间的距离是 35.5 纳米。而每一层平面上有一些电子自由移动，因此石墨具有导电性和导热性。也应为层次之间的距离比较的大，相对于引力比较的弱，所以比较的容易滑动，

※ 炭黑

因此被工业上作为润滑剂。金刚石晶体中每个碳原子与其他 3 个碳原子之间形成相联接，形成为正四面体，每个碳原子间的距离都是 15.5 纳米，也比较的短，结合力比较强，因此熔点很高，硬度很大。金刚石晶体中没有自由电子，所以金刚石并不会导电。石墨和金刚石的结构都是无限扩展的，是一个巨大的分子。由 60 个碳原子形成的分子 C60，是一个新型建筑网格球顶结构，是一个有轴对称和中心对称的三维空间高度对称的结构，酷似一个足球，因此它又引用网格球顶结构设计者美国建筑学家富勒的姓氏称为富勒球。

从 1992 年起，美国的一些科学杂志开始先后报道，从坠落在地球上的一些陨石中曾经发现 C60，说明 C60 早已存在于自然界中了。从 1991 年以来，科研人员在 C60 中掺入的一些特定元素，发现在其中能够呈现出超导性能，后来又发现 C60 具有优良的润滑性能。更有人发现 C60 经过处理后，可以用作为抑制艾滋病的药物。斯莫利、科尔和克罗托三人因有关 C60 的研究而共同荣获 1996 年诺贝尔化学奖。在碳元素的发现中，还要谈一谈碳－14，这是一种碳的同位素。同位素是指同一种元素的原

子，化学性质是完全相同，只是原子的数量不一样，这是由原子中含有的质子数和电子数完全相同，而中子数不同所致。它们位于化学元素周期表的同一位置上。碳在自然界有 3 种同位素：碳－12、碳－13 和碳－14。这里联接在碳后面的数字表示原子的质量数，也就是质子数和中子数之和，也可以写成 12C、13C 和 14C。碳－14 是一种放射性同位素，是美国化学家考尔夫在 1940 年发现的。它存在于大气中的量很少，只是碳总量的亿万分之一。如果把一座几十米高的沙山当做碳的总量，碳－14 在其中只有两三粒，其余主要是非放射性的碳－12 和少量碳－13。碳－13 是英国物理学家伯吉 1929 年发现的。美国化学家利比从 1947 年起就开始研究利用大气中这个含量极少的碳－14 来测定物体的年代，因而碳－14 被称为考古学的时钟。

在大气中含放射性碳－14 的二氧化碳气和含非放射性碳的二氧化碳气混合在一起。当植物在进行光合作用过程中，就会把它们吸进体内，然后转变成它们组织的一部分了。当植物被动物吃掉以后，碳－14 又会进入到动物的体中。然后动植物死亡后碳－14 在它们体内就继续不断地衰变。它的半衰期是 5730 年，就是说，每经过 5730 年后，碳－14 的量就会逐渐减少一半。在这样的情况之下，测定木材、肌肉、兽角或植物某一部分遗体中碳－14 的放射量，那么就可以知道这段木材、这块肌肉、这个兽角、这部分植物遗体中最初开始脱离或者是生物体死亡的那些年代。例如测定一具古尸体中碳－14 的放射量，那么就可以知道这具古尸是在什么样的年代死亡的。

◎爆脾气的啤酒

当你喝酒的时候，有没有感觉只要啤酒瓶晃动几下就会产生大量的气泡，然后挥洒到自己的身上？那么你有没有想过为什么啤酒会发如此大的"脾气"呢？在炎热的夏天喝啤酒是一种很好的解渴消热的方法。如果是急性子的人，把瓶子拿得很高，倒大碗茶似的让啤酒水柱冲向杯底，结果总是倒满一杯泡沫，泡沫会顺着桌子流在地下，等泡沫消失之后，杯子里的啤酒却所剩无几。而且打开啤酒瓶盖时还经常看到啤酒向外喷沫，有时还像喷泉一样喷出来，你想知道这是为什么吗？

其实从一般情况来说，在啤酒将要装入瓶时都会留有一定的空隙，啤酒在装瓶加压下溶解有大量的二氧化碳。在倒出的时候压强就会减小，气体溶解度下降，二氧化碳就跑出来了，所以当打开啤酒的时候只要轻轻摇晃，那么气体就形成泡沫从啤酒瓶里溢出来。曾经有研究发现，啤酒的泡沫与麦芽有一定的关系。因为酿造啤酒的一些重要原料是大麦芽，而大麦在成长、收割、储藏期间大多都是多雨的季节，如果大麦一旦受潮，就会容易受到各种微生物的污染，然后使几十种霉菌得以繁殖，用它来酿造啤酒便会产生了一些泡沫。这些霉菌对人体有害吗？不，这些霉菌对人体并没有任何的危害，有的甚至还会有益。经过研究发现，啤酒含有十几种人体所需的氨基酸和维生素，能产生大量的热量，极具营养价值，所以我们经常会说啤酒也是液体里面的面包。

平时我们所喝的啤酒、香槟、可乐等都是一些碳酸饮料，它们中都含有大量的二氧化碳成分。如果不密封好的话，二氧化碳就会慢慢的分散到空气中去，这也正是往杯中倒啤酒带来麻烦的原因。一些内行的人可能会将杯子尽可能的倾斜，将瓶口紧紧靠在杯子的边缘，让啤酒缓慢地沿杯壁流向杯底，随着杯子里啤酒增多，再徐徐将杯子倾角调到竖直的位置，这样既可以倒满也不会因为倒满而产生大量的气泡。

※ 啤酒

那么为什么在倒酒的时候要倾斜而不能垂直呢？这个答案其实很简单。二氧化碳溶解到水中的量，在通常情况下用单位体积水能溶解多少体积的二氧化碳来度量，则称为溶解度，是同样温度和压强有关的量。当温度低时溶解度就会比较的大，高时溶解度就会比较的小。当在高压情况之下溶解度大，低压时溶解度小。如果在高压强条件下新鲜啤酒突然的减小压强，那么就会分离出二氧化碳进而产生大量的泡沫。在密闭的容器之中，冒出的气泡使容器内的压力升高后，达到高压下溶解度，那么气泡就不会再冒了。因为在容器里压力相对比较的高，所以我们在开啤酒或香槟的时候经常听到"啪"地响声。

有这样一则关于香槟的故事，上世纪伦敦的泰晤士在河床下面打了一条隧道，当隧道竣工时，一些当地政界人物在隧道里就举行了庆典。但是令人扫兴的是，他们发现带到隧道来的那些可口的香槟酒全部都因为跑了气而变得无味。然而当庆典过后人们走出隧道回到地面时，更不幸的事情发生了，喝过的那些酒在肚子里开始发胀了，气从人们的鼻子嘴里不断的冒出来，有的人穿的马甲被胀开，还有的人想要减轻痛苦就不得不重新返回隧道中。为什么会产生这种现象呢？原因是因为比地平面低数百米的隧道气压较高，而二氧化碳溶解度也高，所以香槟酒就像跑了气一样无味。但是等到回到地面的时候，气压就变得非常的低，那些二氧化碳分离出来，就会把那些绅士们的肚子一个个的撑开。

而还有一种情况就是啤酒静止在杯中时，上层压强略小于在杯底中，所以也是表面冒泡稍多。但是如果是杯子之中的啤酒产生了一些不均匀的流动，各点上的压强就会变得不同。这些速度大的地方就会产生一些大量的二氧化碳气泡。大家可以做一个简单的实验，取来一杯静止的新鲜啤酒，我们可以看到它基本上不会冒出气泡。如果用一根筷子来搅拌的话，就会发现在筷子运动的尾部会冒出一些大量的气泡，正是那些压强较低的缘故。如果把筷子放在杯子中作圆形的搅动，那么会使杯子中的啤酒迅速的旋转起来，当拿出筷子的时候，啤酒在杯中就会形成一个漩涡，因为漩涡中心压强比较小，所以那里还有一串气泡。

1. 人类从什么时候开始使用碳？
2. 目前碳能源是再生能源吗？
3. 碳会有哪些化学反应呢？

金和银的区别

Jin He Yin De Qu Bie

你知道吗？其实金在自然界中绝大部分都是以单质状态而存在的。在许多河流的沙床上，它和沙子混合在一起，并且在一些岩石中，它和岩石掺杂就会形成块状。由于它的化学惰性。不管把它放置在哪里，都不会受到空气和水的作用，通常显现出它固有的黄色光辉，吸引着人们的注意。因此，在很早的时候，金就被人们发现，并且开始利用起来。它被认为是人们最早发现的化学元素之一。苏联化学教授涅克拉索夫编著的《普通化学教程》中提到，曾经获得最大的天然金重112千克。另外在一些材料中则称，19世纪在澳大利亚发现重214千克的金块。《北京晚报》1985年8月3日第3版上刊出一条新闻：四川省甘孜藏族自治州白玉县的采金农民最近在该县采集到一块重4.2千克的天然的金，它长235毫米，宽135毫米，厚30毫米，形似金砖。是我国迄今发现的最大金块。

※ 金碗

※ 银

从古代的遗迹中发掘出来，发现金制的物件和古代人类石制的用具并存在一起。这充分的说明了人类在石器时代已经发现并且懂得使用金了。而银在自然界中虽然也有单质状态存在的，但是银大部分都是以化合物的状态存在，所以，银的发现时间比金要晚。一般认为在距今5500～6000年以前。涅克拉索夫的《普通化学教程》中也谈到天然银，曾经发现的最大银块重13.5吨。而且天然的银多半是和金、汞、锑、铜或铂成合金，天然金几乎总是与少量银成合金。在我国古代已知琥珀金，就是一种天然的金、银合金，含银约20%。人们在最初的时候取得银的数量非常的小，使得它的价值甚至比金还要贵。在大约公元前1780～1580年间埃及王朝的法典中规定，银的价值是金的2倍。甚至到17世纪的时候，在日本银和金的价值还是相等的。马克思在《政治经济学批判》中讲到："金实际上是人所发现的第一种金属，一方面自然本身赋予金以纯粹结晶的形式，使它孤立存在，并且不与其他的物质进行相结合，或者如炼金术士们所说的，处于处女状态；另一方面自然本身在河流的大淘金场中担任了技术操作。所以对于人类来讲，不论淘取河中的金或者是挖掘冲积层中的金，都是只需要最简单的劳动力就可以了。而银的开采却要以矿山劳动和一般比较高科技的技术发展为前提。所以说，银虽然不是绝对的稀少，但是初期的时候它的价值比金价值高。"

▶知识库

最早时期金、银是被人们用来制作成为装饰品，一直到后来才被人们用来当货币，并且这两种工艺也一直在沿袭着。在古苏美尔的城市国家马尔第一王朝（公元前27—前26世纪）陵墓里，发现有大量的珠宝金银首饰。根据埃及古代坟墓发现的这些迹象，知道在公元前2000年以前，埃及人就已经开始大量的使用镀金、包金和镶金等等器物，并且把金丝用在刺绣上。在我国西周时代的墓葬里出土有包在铜矛、车衡两端的条形、圆形、人字形、三角形金片，还有包金兽面、包金圆泡等。而银在我国周代也已经用作器物上的装饰品，例如成都出土的战国时期铠上的甲饰就是用银制作的，长沙出土的楚国漆器也有用银作饰片的。

为什么会使用黄金和白银表现出充当货币的呢？因为它们易于分割，并且可以进行长期的保存，而且体积小重量轻，价值比较大。我国古代采用金、银作为货币的制度，《史记》推源到夏虞以前，即公元前3000—前2000年间，说到："夏虞之币，金为三品，或黄或白或赤。"这里的"黄"应该是指金，"白"是银，"赤"是铜。现存古币中有饼子金，或称饼金、印子金、爱（音元）金，有黄金饼，也有银饼。状如饼，上面铸有文字，如"郢（音影）爰""陈爰"等。"郢""陈"是指地名，"郢"在今天湖北江陵西北，春秋楚文王定都于此；"爰"是古代一种重量单位，也有可能就是一些货币的单位。"陈"在今天河南东部和安徽一部分，建有陈国，在公元前534年被楚国灭亡。

黄金和白银作为货币被人们广泛使用，战争、犯罪和流血与金、银相结合，就出现了伪黄金。而早在远古时代，人们就已经利用金、银的比重、颜色以及焰色反应等检验金银的真伪和纯度。金的相对比重特别大。我国《周易参同契》中还叙述到"金入于猛火，色不夺精光。"这是根据金的高度化学稳定性以鉴定金。在我国和古罗马都有利用试金石检验金的方法，即根据所试黄金在一种黑色石头上的条痕颜色和深度以判断它的纯度。科学史中流传着希腊公元前2世纪的科学家阿基米德苦思冥想如何测定一顶金制皇冠中是否掺有银的故事，最后他在洗澡中得到启示，分别测定了相同重量的金块、银块和皇冠排出水的体积，然后计算出皇冠中金和银的重量。1518年，在欧洲出现法定的预知成分的系列金针共24根，其中1～23根分别含金1～23克拉，其余为铜，另一根为纯金，用来作为对比的标准，至今纯金以24克拉计即源于此。

直到13世纪～14世纪，我国和欧洲都发展起灰吹法检验金、银。这也是一种分离金、银中杂质的方法，称为烤钵冶金法。这种方法是将待检验的金、银试样或采得的金、银矿放置在用动物骨灰制作成的钵中加热，铅和其他杂质形成氧化物，有一部分就被鼓风吹去，部分渗入灰中，留下没有氧化的金、银。这样可计算出试样或矿金中含金、银的量和纯度。这种方法至今也用在分析化学中。金在我国古代文献中常指铜，或泛指一般金属。如《史记》中有"禹收九牧贡金，铸九鼎。"我国古代的"金"字在东汉和帝12年（公元100年间）许慎所著《说文解字》中解释说："五金黄为之长，久霾不生衣，百炼不轻，从革不违，西方之行，生于土，从土，左右注，象金在土中形，今声。"这说明我国古代已认识到金的一些性质，把它埋藏在地下，时间长了就会生锈，冶炼它不会和空气中氧气发生化学变化而减轻本身的重量，可以销铸而无伤。银则称为白金，西方古代人们对金和银也相对的重视，用太阳和月亮的符号表示它们。

◎小花猫救了皇上

有这样一故事：在古代，有一个想谋权篡位奸臣，花钱买通了为皇帝做饭的厨子，那名厨子就将毒药放入了饭菜中端给皇帝用膳，皇帝看见身边侍女抱着一只小花猫非常可爱，于是就将碗中的一些鱼喂给小花猫吃，但是谁知道小花猫吃过之后马上就一命呜呼了，皇上身边的贴身太监一着急，就拿起皇帝的银汤匙并且往别的菜里一插，就发现使用的银勺直接起了气泡，后经调查是饭菜里有毒。皇帝见了龙颜大怒，把奸臣和厨子打入死牢。自从这件事情以后，人们知道原来银勺可以测验食物之中到底有没有毒性，很多人都开始用银碗银匙作食具，谨防中毒事件的发生。

不要认为银具就只有防毒作用哦，银具还能够杀菌，更有益于身体的健康。现在银制的食具数不胜数。在银碗里盛放牛奶，可以保持几个月不变质。这主要是银具中含有的银离子具有非常好的杀菌作用，因此食物不容易坏掉。此外，银能与任何比例的金或铜形成合金，银是所有金属中电和热最好的导体。银也有很好的反光性能。

◎关于银

1. 含银的抗生素则能杀死600多种病原体。两千年前古人就知道用银片作外科手术的良药、用银煮水治病。

2. 我国古代就有"银针验尸法"，法医以此来测定死者是否中毒而死。

3. 火山爆发或者大地震前，会有含硫的气体从地表渗出，会使银器的表面变成黑色。在化工

※ 银餐具

厂的工作人员也不宜佩戴银饰上班，以免银饰被含硫物质腐化成黑色。

4. 白银吸收水银后表面质量会遭到严重破坏，完全失去光泽，形成银汞齐。因此使用体温计时就要小心了。

5. 臭氧也能导致白银变黑。如日常生活中用的负离子发生器、消毒柜都不宜放置白银饰品。

6. 一些蛋禽类变质后会产生硫化氢气体，如果进行与蛋禽相关作业的工作人员不宜在工作时间佩戴白银饰品。

7. 自来水的净化常含用漂白粉或氯气，对白银有严重的侵蚀作用。

因此，洗澡时不宜佩戴银饰。

8. 洗衣粉中含有漂白剂，漂白剂的主要成分是含氯，所以氯对白银也有一定的腐蚀作用。

知识链接

日常保养银饰品便捷法

1. 可口可乐浸泡 12 个小时。

2. 采用醋酸擦拭清洗。

3. 采用隔夜茶浸泡。

4. 在牛奶里浸泡一夜即可恢复明亮。

5. 用牙膏和牙刷来擦洗。

6. 用涂改液涂在银饰品上，在涂改液没有干前用布擦银饰。

7. 把银饰品彻底清洁风干，然后为干净的银饰涂上一层指甲油。

8. 用打火机烧黑银饰品，然后再用擦银布把银饰擦亮，这个方法只限于素银。

9. 远离一些化学品，譬如酸性和碱性较强的物质或者香水。

银的保健作用

1. 白银有杀菌作用，用银餐具食物不易变腐烂。

2. 银化合物可治疗烧伤包敷伤口。

3. 银筷子可检测食物中含硫的毒剂。

建议检验银饰的时候，把银饰从中间切割一个断面，检测中间最里层的部分。

拓展思考

1. 人类从什么时候开始发现金和银的用处？

2. 为什么用水无法去除银上面的污渍呢？

3. 如何辩别金银的真伪？

铅中毒的遭遇

Qian Zhong Du De Zao Yu

我们经常会听说铅中毒，那么铅究竟什么是呢？铅在化学元素周期表中第 82 号元素，原子量：207.2，比重：11.34，熔点 327.4℃，沸点 1620℃。化学符号：Pb。铅是一种银灰色、柔软的重金属物品。大概加热至 400℃～500℃时有大量铅蒸汽会冒出，铅蒸汽在空气中会迅速形成铅的氧化物。它是一种金属，也是一种毒素，从它一出现就威胁着人类的安全。它悄无声息地在人们血液中蔓延，将一个古老的庞大帝国推向历史尽头。从东方到西方，从远古到现代，它的危害存在了千年。

※ 铅

▌知识库

　　有这样一则故事：在浙江南部的一个古村部落之中，有一位老人正在过八十大寿，这个时候一群亲戚朋友都前来庆贺，大家相聚在一起，非常高兴地吃喝，气氛也非常的融洽。就在这时，放在桌子上的两个用来盛酒的锡壶引起了旁边一个外乡人的注意，他一直用一种疑惑的目光看着。这里有一种风俗习惯，就是女儿在出嫁的时候，往往娘家会陪嫁一些拉壶，用来存放一些饮料，特别是酸性的饮料，像果汁、醋，调味品这一类，有的人用它装黄酒。在我国江南农民自古以来就有酿制黄酒或者是糯米酒的习惯，而且多用锡壶盛装，这种酒器几乎可以在每家农户的厨房里找到。每当过节的时候或者是家里有喜事的时候，人们就把自家酿制的黄酒拿出来以招待亲朋好友。几杯生头酒，一壶米醴琼，这是江南小镇典型的生活乐趣。寿宴结束之后，锡壶就被陌生人带回了上海。这样一件日常生活之中再普通不过的器具，其中究竟隐藏着什么样的秘密呢？为什么把锡壶千里迢迢带回上海？原来这个人是上海第二医科大学博士，现为上海交通大学附属新华医院教授，近二十年来主要从事环境医学领域的研究工作。当他把锡壶带回医院后，和同事展开了一场激烈的讨论，他怀疑这种锡壶之后带有某种特殊的元素。

　　在古代希腊，人们使用铅制作一些小雕塑玩具、砝码；而罗马人则是用铅制造装饰性盒子、酒杯和家用器皿；在古埃及和印度，用铅制作成为奇特的药物和一些化妆品的重要成分；中国人把铅铸入屋顶和琉璃瓦中，这样能够使皇家古建筑在阳光下反射出明艳灿烂的光芒。并且铅被熔化制作成为生活用品的同时，同样也是融入了文明古国的历史。

　　自从工业革命结束之后，铅就开始被大批量的使用在石油、建筑、蓄电池制造、原子能工业等的各个方面中。熔点低、容易塑造的特性为铅渡上一层明亮的外衣，这样铅就像是成了"万能的金属"。而

※ 古希腊含铅的器具

在汽车、满街跑的电瓶车中所需要的蓄电池往往也都是铅酸蓄电池，目前铅消耗最大的就是铅酸蓄电池。铅的广泛用途奠定了它在人类社会生活中不可缺少的重要地位，在其闪闪发亮的外表之下，人们可能不知道铅含有能够致命的毒素。

在美国匹兹堡大学儿童精神病学科，常年以来致力于铅对儿童影响的研究。多年中，有很多的母亲们不断地向儿科医生们诉说自己的孩子在遭受到有毒的铅暴露后，性格上就发生了明显的变化。她们发现自己的孩子突然之间就会变得烦躁不安，而且变得争强好胜。但是在遭受挫折的时候，通常就会变得非常的暴力。在现实生活之中，人们都知道，铅与认知力损害、学习障碍以及可能使他们无法完成中学学业的种种行为有关。而现如今，美国的一些环境研究人员在对待铅的影响上提出了一项惊人的结论，他们认为当那些儿童遭受到铅中毒之后，有可能会引发美国犯罪率的攀升。匹兹堡大学随后在本校 300 名学生的自述或他们父母的叙述进行分析研究后发现，铅水平较高的青春期男孩更倾向于参与欺凌弱小、恶意破坏、纵火、入店行窃等违法行为。这项研究成果在 1996 年发表在《美国医学协会杂志》上。在 2000 年于波士顿召开的美国儿科学院和儿科学会联席会议上，匹兹堡大学儿童精神病学科所组成的研究组交流了一项他们最近完成的研究成果，该小组用 X 射线荧光技术对宾夕法尼亚阿勒格尼县大约 350 名 12 岁～18 岁的青少年的骨骼铅浓度进行了测定。当他们发现，有违法行为记录的孩子的骨骼铅浓度水平比没有违法行为记录的要高得多。报告中称，有违法行为记录的男孩呈现高骨骼铅浓度的可能性增加 2 倍，在对干扰因素进行分析调整之后，甚至会增加到 4 倍左右。

如果小孩子铅暴露过多，那么孩子的注意力就会下降，本来非常有天赋的孩子，能够集中注意力 20 分钟，一旦他接触过铅之后，他的注意力就有可能会缩短到 15 分钟，甚至 5 分钟，注意力会逐渐的缩短。而他的计算能力，逻辑思维能力，语言能力都会随之下降，并且记忆力也和之前有所不同。更多的孩子还会引起多动症状，甚至是导致这个孩子产生叛逆的心理。有一个研究观察，对铅中毒的孩子调查随访，一批铅中毒的孩子，小时候血铅水平很高，平均是 200 多，那么等到他 20 几年后，再次观察这些孩子时，他就会引起一些犯罪

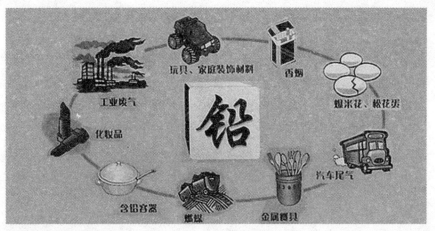

※ 铅在生活中的循环

的症状，甚至到最后蹲监狱的犯罪率明显高于普通儿童。这种症状就叫反社会的行为心理。

现如今，不管是发达的国家还是发展中国家，对于铅中毒的现象都是非常的重视。铅中毒已替代以往的营养不良和感染性疾病，成为危害青少年儿童健康的重要问题，更是新世纪儿童智能发育的"第一杀手"。根据国际性组织消除儿童铅中毒联盟对 40 个国家 188 项关于儿童铅中毒的研究表明，全世界 2 岁以下的儿童中有 75％、3 岁以上的儿童中有 46％，血液含铅水平超过国际上铅中毒的标准。另有资料报道，美国约有 20％、我国约有 38％的儿童血铅浓度处在中毒水平。美国有一位著名的儿童铅中毒防治权威专家为此预言：如果中国不进行儿童铅污染防治，在不久的将来，中国人的平均智力要比美国人低。

事实上，血铅水平在低于 250 微克/升的这一范围内，一些儿童完全可以通过健康教育达到降低血铅水平的目的。在由上海交大医学院和中华医学会儿童保健分会主办的 2005 年全国儿童铅中毒防治研讨会上，专家们认为儿童的铅中毒现象是完全可以预防和经过药物治疗进行缓解的。只要进行加强宣传，来加强健康教育的措施，进而纠正儿童不良生活习惯和卫生习惯，当然经过预防和药物的治疗儿童会在短时期以内得到有效的治愈。

学习、玩耍方面：由于市场上供应的学习用品和儿童玩具表面的油漆中普遍含铅量较高。在儿童学习、玩耍和啃咬这些用品的过程中，玩具和学习用品中所含的可溶液性铅易被人体的吸收而造成儿童铅中毒。所以，应定期清洁儿童玩具和学习用品，同时教育儿童不要啃咬玩具和学习用品。饮食方面：主动培养一种良好的卫生习惯，在吃饭之前注意洗手；儿童尤其不要吸吮手指，不将异物放入口中；不用报纸等印刷品直接包装食品；不给儿童吃含铅较高的食品；保证儿童膳食中含有足够量的钙、铁和锌。每天第一次打开水龙头时，流出的水不要饮用，应让水流2分钟；避免使用含铅陶器或内部绘有花纹的瓷器盛装食品；孕妇忌用铅釉的陶瓷杯子喝热饮料，尤其是热的酸性饮料。出行方面：不要带儿童在汽车来往较多的马路附近玩耍，因为汽车排出的废气往往含有大量的铅。尽管含铅的汽油已逐步由无铅燃料取代，但由于过去使用的含铅汽油，使马路及周边环境仍累积有大量的铅。穿着方面：如果工作中接触铅，应穿好保护服，下班后洗澡，换上干净衣服再回家，以免将铅尘带回家中。尽量选用无铅化妆品，千万不要使用一些质量差的化妆品。含铅染发剂是一种曾被忽视的铅中毒源，染发产品中使用的所谓促进染色试剂。80%是由乙酸铅制成的。已知铅会通过头皮被吸收，所以会导致铅中毒的。爽身粉中也含有少量的铅，在给婴儿使用爽身粉的时候。含铅的粉尘很易被婴儿吸入，或经手、口动作放入口中，引起中毒。居住方面：不要用油漆涂饰家中墙壁，禁止孩子吃油漆碎屑，油漆中含有大量的铅，漆屑脱落后，易造成居室铅感染；住宅中尽量禁止使用含铅油漆；油漆和维修老建筑，不要让旧油漆层暴露、掉屑或剥落；自己烧或刮油漆层会受到铅毒害，应雇用专业人员去除所有表面的含铅油漆。

公元前3世纪，有位希腊内科医生描述了吸入铅黄和铅白后的中毒的症状：腹痛、便秘、脸色苍白和麻痹。公元1世纪，有位药理学家发现，摄入铅化合物和吸入铅烟后会产生腹绞痛和麻痹症状。公元2世纪，有位医生也做出声明，某些希腊酒会产生不育、流产、便秘、头痛或失眠症。然而这些物质中都含有同一种物质就是铅，会形成一种明显的铅中毒的现象。在古时候皇帝对于丹药非常的痴迷，甚至不惜一切代价要寻找丹药。那么丹药为何使中国的皇帝们痴迷，却又被其致于死命呢？经过现代科学的研究发现，炼丹术炼制的药剂主要是汞、砷、铅、铜一类的化合物组成。这些物质之中少量内服可以使人体红细胞数迅速的增长，并且使皮肤变得红润，发热可以御寒。皇帝们被这种表面的现象所迷惑了，希望能够成仙的皇族们，认为它能让人青春永驻，并且有返老还童的功效。然而这些元素有的本来就对人体有害，有的虽然对人体有益，但是需要量极少，稍微过量就会适得其反，长期服用就会导致慢性中毒，最终导致无法挽回的结果。所以无论是古希腊时代还是古代的中国，从漫长的时间和历史教训中人们逐渐发现了铅毒进入人体的两种途径，第一是在冶炼过程中，加热产生大量的蒸汽，人体通过呼吸道吸收到铅的蒸汽，所以就产生了中毒的现象；第二是通过消化道，由于铅本身具有一定的特点，它通过消化道进入到人的肠胃以后，吸收的比率会升高，也会发生一些中毒的现象。

◎使用铅质酒杯在古罗马贵族中是身份的象征

※ 古罗马使用含铅酒杯

　　曾经在地球上，有一个赫赫有名的帝国——罗马帝国。在公元1世纪至2世纪是罗马帝国的昌盛时期。古罗马人建立起了地跨欧、亚、非的强大帝国，首都罗马城被称为"永恒之城"。他们创造了灿烂永久的罗马文化，为后人所仰慕，成为全人类共同的精神财富与物质遗产。罗马军团也曾是世界上最强大的军队之一，汉尼拔、斯巴达克等著名统帅、军事天才也都曾败于他们的标枪与利刃之下。但是就是这样强大的帝国，在短时期内不断的衰败。庞大的军团不堪一击，"永恒之城"轰然之间倒塌。这其中固然有政治、经济、军事方面的因素，但是最严重的就是铅中毒打垮了罗马人。

◎罗马贵族流行喝铅粉葡萄汁

古罗马人的冶金技术非常发达，就是发达的冶金技术以及使用金属铅的偏爱，导致罗马帝国衰败。罗马人偏爱用金属铅，并且把金属铅广泛应用于建筑、军事、装饰上。除此之外，金属铅还被用以贵重金属蔓延在古罗马贵族生活的各个方面。铅开始被大量用来制作各种玩具、铸像、戒指、钱币、化妆品、药品和颜料。甚至是各种餐具、厨具或器皿也都开始大量的使用铅质材料。

在公元前 2 世纪，希腊引入了先进的酿酒技术以及烹饪技术，铅质的酒器成为罗马贵族阶层的日用珍贵器具。古代希腊和罗马人使用的葡萄糖浆用葡萄汁制成，制作葡萄糖浆必须在铅锅中进行熬煮，为了防止会烧焦，他们必须不断地对铅锅进行加热，这样就大大地增加了糖浆中的铅含量。此类糖浆中的铅含量高达 240 毫克/升～1000 毫克/升，而一茶匙约 5 毫升的糖浆就可以引起慢性的铅中毒。当葡萄汁过酸的时候，他们就加入铅丹以减少其中的酸味；葡萄糖浆一般贮存在雨水中，由于雨水是从铅质屋顶收集并贮存入铅桶中，经长时期的煮沸浓缩，这时候水中的铅含量相对就更高了。最后，这样一杯融合了铅和各种杂质的葡萄酒被倒入含铅的酒器中，这样一杯含有剧毒的葡萄酒就被纵情于醉酒的罗马人饮下。

经过科学家们的研究发现，酒和葡萄糖浆是古罗马贵族铅中毒的重要来源，并且也是隐藏得极为隐蔽的一个最重要的杀手。罗马贵族们在爱喝的葡萄汁中加入铅粉，可以除掉酸味，还可以使酒醇香甘甜；有轻泻作用的蜂蜜在铅质容器中加热，会产生奇妙的化学作用，成了止泻剂。用现在的科学来解释，葡萄酒不发酸，是由于生成了带甜味的醋酸铅，铅能杀死发酵的微生物；加热蜂蜜止泻是因为溶出的铅抑制消化道的运动，其实这就是一种毒液的反应而已。

有趣的化学——元素的发明与利用

◎罗马王公贵族半数不孕

估计罗马人连自己怎样灭亡都不知道吧！铅毒在古罗马文明之中扮演着杀人于无形的狠角色，上至王公贵族，下至平民百姓都无法逃脱厄运。在罗马，就连供应城市生活用水的送水渡槽也由陶器和铅管所组成。据史料记载，在罗马仅仅建造里昂的一个泵站，就用掉了12000吨铅。而古罗马人引以为傲的文明生活就全部笼罩在了铅的阴影之下。这些管道虽然方便了罗马人的日常生活，但是溶解于水里的金属铅微粒，被喝进罗马人的身体之中，并且日复一日，年复一年，聚集于人体的骨髓和造血细胞里面，特别是孕妇通过胎盘把金属铅离子输送于胎儿的血液之中，极大地毒害了罗马人的一代又一代人，损坏了他们的脑细胞，破坏了他们的骨髓，并且损坏了他们的生殖能力，逐渐侵蚀了他们练就的强健肌体，弱智与羸弱使他们成为"地中海病夫"。

在公元前30年到公元220年期间，在30位统治罗马帝国的皇帝和皇位篡夺之中，有19位皇帝嗜好严重的铅污染的菜肴和酒混合物。蓄积在罗马人体内的铅毒在下一代人中充分发挥了极大的杀伤力。古罗马特洛伊贵族35名结婚的王公之中有半数的人都不孕。其余人虽能生育，但是所生出的孩子几乎都是低能或者是痴呆。古罗马贵族的平均年龄只有25岁。铅毒使古罗马上层阶级的人数不断的减少，贵族子弟的文化和身体素质也越来越差。古罗马帝国最终走向了灭亡。

1969年，一支考古队在英国南部赛伦塞斯特挖掘出一座公元4世纪末5世纪初的古罗马墓群。这里有着一个非常惊人的现象。墓群之中分布着450具骸骨，大部分骸骨上都附着黑斑，这是沉积于骨骼中的铅与尸体腐烂的时候产生的硫化氢生成的硫化铅黑斑。经过化学的测定，这些尸体大多数都含有大量的铅量。

◎核心提示

铅既是一种金属，又是一种毒素，从出现到至今一直威胁着人类的安全。从东方到西方，从远古到现代，它的危险力量无所不在。它悄无声息地在人们血液之中不断蔓延，于是就将古落马帝国推向了灭亡的尽头。

经过专家的分析，不管是从呼吸道还是从消化道进入体内的铅，开始的时候，它在人的身体之中分布比较均匀，比如说人的大脑、心脏、肾脏、肝脏等很多脏器当中，甚至肌肉软组织当中都有铅的成分存在。铅进入体内 40 天左右，体内的铅就会在身体中进行第二次分布，这个分布特点有的文献上说有 90％以上的铅、有的文献上 95％以上的铅，最终都要转移到人体的骨骼系统中，就是说，在体内给人造成中毒的这部分带有活性的铅，在体内实际上也不超过 5％。进入到骨骼当中的铅，它完全排出的时间，比如说体内的铅消除 50％，医学上有个名称叫半衰期，这个半衰期大概需要 20 年～30 年的时间。所以如果长期接触铅的人，他体内骨骼中含铅是很高的，这个半衰期基本上会伴随人的一生。到现在为止，铅毒对于人体的杀伤力依然是非常的巨大，甚至会威胁人类的生命。与原始人相比，现代人体内的铅含量增长了 100 倍，这其中 60％来源于生活中的食物，30％来源于饮水，而 10％来自吸入的空气。地球上最大的铅污染是土地和空气，而这两项条件又是人类赖以生存的条件。随着重金属对土壤和水体的污染越来越严重的情况，从而对植物生长和发育就产生了直接的影响，所以导致大量重金属在植物根、茎、叶及籽粒中经过长期的积累并且通过食物链的作用进入人体之中。每年有 2 万吨的铅以烟尘形式散发到空气中，这是铅危害人类的方式之一。在汽油含铅量实行控制以前，加铅汽油的燃烧成为铅在大气中全球性散布的重要来源，人类血铅水平的 50％以上是由加铅汽油所造成。所以，为了我们的身体健康，我们要尽量远离铅毒。

在我们的生活中许多常见的物品上，都可能存在铅危害。最常见的铅污染源是劣质的陶瓷容器，长期以来铅一直被用于陶瓷的釉料和涂底中，因为它能使釉面显现出完美的光泽，色彩越鲜艳的陶瓷容器含铅量也就表明越高。水晶制品也是一种颇具威胁的铅污染源，它的氧化铅含量高达 20％～30％，如果要用来盛酒的话，酒会将水晶制成品中的铅溶解出来并且溶于酒之中，1 小时后酒中的含铅量升高 1 倍。由于水晶制品做工比较的精细，外表看起来晶莹剔透，所以有"美丽的毒品"之称。除此之外，还有各种各样的铅污染源：屋内墙壁上的铅白油漆、印刷纸张、腌制皮蛋、铁皮罐头等等，这些和我们的生活息息相关的东西都隐藏着铅的危害。铅在我们的生活中无处不在，但是随着

有趣的化学——元素的发明与利用

国家对铅中毒防治的重视，以及广大百姓对铅中毒认识的不断提高，近年来中国城镇人口的血铅水平一直呈现出下降的趋势。从 1997 年开始，北京、上海先后停止使用含铅的汽油。2000 年 7 月 1 日，全国范围内停止生产使用含铅的汽油。一些技术含量落后的铅污染工厂被限制生产或关闭，清洁能源天然气逐渐代替煤炭燃烧，城市中的环境污染在逐渐下降，铅浓度也在逐渐地下降。

　　穿越千年的时光，铅毒的魔掌一直威胁着人类的各个方面，画家戈雅为何像被恶魔控制了灵魂？音乐家贝多芬为什么走向疯狂的末路？铅中毒对儿童会造成什么巨大的影响？我们身边究竟隐藏着多少铅的危害？儿童的身体之中到底含有多少的铅毒呢？会造成一种什么后果呢？这都是人类应该重视的问题，为了人类的健康，我们要注意使用含铅的器具。

▶知识链接

　　将近 1 个世纪之后，铅毒再次被人们唤醒，铅中毒开始重新被人们重视，因为与成人相比，儿童铅中毒虽然很少有特征性表现，但是相比之下他们更容易遭受铅毒的毒害。铅在人身体里面，有个吸收、分布和排泄的过程。根据调查不同年龄阶段的孩子，对铅的吸收率也是不一样的，铅的分布情况也是不一样的，如果给一个新生儿吃铅的话，他的吸收率是多少呢？50%，吃下去多少，50% 吸收到血液里面，吸收到身体里面，而成人只有 8%。新生儿出生以后随着年龄的增加，吸收率在逐步的降低，到 9 岁的时候，吸收率相当于 10% 这样一个比例，所以儿童年龄越小的时候，他的吸收率就会越高。为了提高防范意识，就要从小教育孩子避免接触铅物质，特别是铅笔中，不要形成一种咬铅笔的习惯。

▏拓展思考▕

1. 古罗马人真的是因为铅中毒死亡的吗？
2. 人们常说小孩子铅中毒是元素铅吗？
3. 葡萄酒中的酸和铅会发生怎样的反应？

来自地下的硫

Lai Zi Di Xia De Liu

※ 硫

你听说硫酸吗？你知道硫酸有什么作用吗？其实硫是人类最早知道的化学元素之一，但是具体的时期难以确定。在地中海沿岸许多地方都有硫，古代的希腊和罗马人都很注意它。当火山爆发的时候会带出大量的硫，当时人们把二氧化硫气和硫化氢的臭味当做地下的火山神活动的标志。在公元前几世纪的时候，人们就注意到西西里大硫矿之中所产的那些纯净并且非常透明的硫晶。特别引起人们兴趣的是这种石头竟然会自燃，然后出现一些怪味道，令人窒息。古代的自然研究者，尤其是炼金术士特别重视硫的作用。在他们看来，硫的性质非常的神秘，一燃烧就会生成另一种新物质，所以他们联想到硫一定是哲人石的一个组成部分，因而拼命地炼制这种哲人石，总想用人工方法制造金子，但是结果却是一无所得。

1763 年，俄罗斯化学家罗蒙诺索夫发表了《论地层》的文章，他在文章中描述了硫："地下的火是那么多，地下的火到底含有什么样的物质。""还有什么东西比硫更容易发火呢？还有什么比火更大的力量呢？""不但火山喷出的气体里面含有大量的硫，地底下滚汤沸腾的矿泉里和陆地底下的通气口里也聚结有大量的硫，而且没有一块矿石，几乎没有一块石块，彼此摩擦之后不产生硫的气味，不显露它们的成分里含硫的……而这些大量的硫在地球中心燃烧变成了沉重的气体，在深坑之中开始慢慢地膨胀，就这样顶着地球的上层，然后开始逐渐升高，向四周做出不同程度的运动，产生各式各样的地震，而地面抵抗力最小的地方就是最先裂开的地方区域，破坏了的地面的碎块有些比较轻的给抛到高空，接着落下来掉到了附近区域；别的碎块因为太大而飞不起来，就变成山。"罗蒙诺索夫这段话，把地球中硫的运动描写得是如此的生动形象。但是火山喷出物的气味并不一定是相同的，意大利南部的火山喷出窒息性气体，勘测加半岛上火山爆发时生成云雾状的二氧化硫气。这种硫不但能够生成气体喷发出来，还能够有效

※ 含硫的化肥

地溶解在地下水里或者是在地下裂缝之中构成的矿物中。在遥远的古代人们就知道从硫中采出锌、铅、银和金等物质。

▶知识库

　　法国化学家拉瓦锡在 1776 年首先确定了硫的不可分割性质，认为硫是一种元素。硫的英文名称为 Sulfur，元素符号 S。硫在地壳中的含量为 0.045%，硫的分布范围非常广泛。硫在自然界之中以两种形态出现：单质硫和化合态硫。硫的化合物包括金属硫化物、硫酸盐和有机硫三大类。最重要的硫化物矿是黄铁矿，黄铁矿是制造硫酸最重要的原材料。硫酸盐矿最丰富的就是石膏。有机硫化合物除了存在于煤和石油等沉积物中外，还广泛存在于生物体的蛋白质、氨基酸中。而单质硫最主要的就是存在于火山的附近。

　　自从产业革命开始以后，欧洲工业就开始蓬勃发展。而硫这种化学物质就是造纸、染料、制药酸碱、精炼汽油、橡胶加工等工业所必需使用的原料，当时的硫成为资本主义国家能够发展工业竞争的对象。如意大利王国统治下的西西里岛，在 18 世纪一直是硫的主要供应地。而产业革命发源地——英国的舰队多次炮轰西西岛沿岸，企图侵占硫黄资源。稍后由于瑞典人发明从硫铁矿提取硫和制硫酸的实验方法。于是西班牙丰富的硫铁矿又成为欧洲国家的注意目标，这时英国舰队又出现于西班牙的沿岸，企图侵占硫和硫酸的资源，而西西里岛的硫却被抛之脑后了。接着美国的佛罗里达半岛发现了世界储量最丰的硫黄矿床。如果按照旧的方法开采，则成本较高，不能跟西班牙的硫铁矿竞争。硫的熔点相比之下非常的低，利用硫的这种性质，把过热蒸汽压进深层之中，

使地下的硫黄矿能够快速的熔化，随着过热水流出地面，熔化的硫黄涌到地面上凝成一座座大的山丘。由于那些硫的产量非常大，相对的成本比较低，因而赢得了世界上的产硫霸权。这也就说明，科学上出现一种新的方法，可以打破一系列旧的生产状况。难怪当时意大利有家杂志说，新的方法扼死了西西里岛的居民，强迫他们过着半饥饿的生活。只好在贫瘠的农场上栽种橙子，在太阳晒焦的山坡上放羊。从硫的生产利用的历史可以看出，科学研究对发展国家经济的重要意义。

| 拓展思考 |

1. 火山喷发喷出的硫有什么副作用？
2. 为什么硫会那么容易着火？还有什么比硫更容易着火？
3. 为什么希腊人那么喜欢硫？

有趣的化学——元素的发明与利用

形成江河大海的汞

Xing Cheng Jiang He Da Hai De Gong

温度计中使用的汞是一种什么东西？汞在自然界中分布范围非常小，所以汞通常被人们认为是稀有金属，汞就是水银。人们很早就发现了水银。它的使用历史在金属中仅次于金、银、铜、锡、铁和铅。当汞的使用和汞在自然界中存在稀少的单质汞和比较容易从含有它的矿石中取得关系非常的密切。把天然硫化汞在空气中燃烧，就可以得到汞，再加上它有较大的比重、强烈的金属光泽、特殊的流动状态，能够有效的溶解多种金属合成金，所以它非常引人注目。

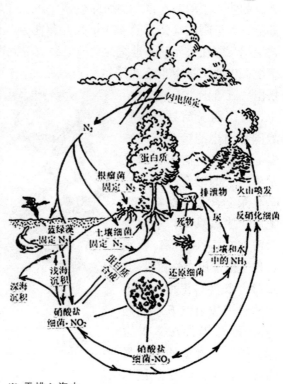

※ 汞排入海中

公元前145年期间，在埋葬秦始皇的时候，墓穴之中所用的机械都被灌输进水银，从而形成了江河大海，这样可以让尸体不腐烂。我国的学者们认为这一描述虽然有些夸大成份，但是事实上还是有相当可信的部分的。根据20世纪80年代我国考古工作者用仪器探测秦始皇陵墓，测得12000平方米的深处弥漫着水银的气味。根据我国古代文献记载，在秦始皇（公元前259年——前210年）死之前，一些王侯在墓葬中也大量的使用了灌输水银，例如齐桓公（公元前643年死）葬在今山东临淄县；吴王阖阁（公元前496年死）葬在今苏州虎丘，都以水银为池。这说明我国在公元前6世纪或更早已经取得大量汞。我国考古学者从地下挖掘出的实物中也证实了这一点。例如，1956年在北京故宫博物院展出"五省出土重要文物"中，有山西长治县分水岭战国墓出土的镀金车马饰器。次年河南信阳长台关楚墓出土的镀金带钩。这是将汞金合金涂抹在铜件上后，加热烘烤，汞挥发后留镀在铜件表面。我国古代还把汞用作外科医药。1973年长沙马王堆汉墓出土的帛书中有《五十二病方》。抄写年代在秦汉之际，是现已发掘的我国最古医方，可能出于战国时

※ 汞元素

代。其中有4个医方就应用了水银。例如，用水银、雄黄混合，治疗疥疮等。

我国东汉学者魏伯阳著有《周易参同契》，是世界上炼金术最古老的著作。在书中曾讲到汞："河上姹女，灵而最神，见火则飞，不见埃尘。鬼隐龙匿，若知所存，将欲制之，黄芽为根。""姹"指少女，也就指汞。这段文字就说明了，汞的挥发性能非常好，当遇到火的时候就会转变成为一种气态，随即挥发在空气之中。无论是西方的炼金术士们，还是我国的炼丹方士们，都对水银有浓厚的兴趣。这大概是由于它能够溶解几乎所有的其他金属，而金属在被它溶解后遇热又能"再生"出来

的原因吧。西方的炼金术士们认为，水银是一切金属的化身。他们所认为的金属性是一种组成一切金属的"元素"。在我国古代人们又是怎样取得大量水银的呢？我国古代人将竹筒埋在地下，将硫化汞放置在上部，下面垫黄泥。在地面上燃烧薪柴，然后使上面部分的硫化汞开始受热，这样生成的汞透过黄泥层就会流向竹筒底。

▶ 知识链接

　　石榴罐是一个陶瓷的状似石榴的罐子。当使用的时候将硫化汞装入罐子之中，并且用一些大小适宜的碎瓷片堵在罐口中，这样可以使瓷罐倒转后硫化汞不至于落出。倒转的瓷罐是安置在陶瓷坩埚上，形成实验的装置。再将陶瓷坩埚全部埋入地下，石榴罐球体露在地面上，在球体周围放置薪柴燃烧，加热罐内硫化汞，生成汞滴入坩埚中。这种方法出现在13世纪初我国南宋朝代的文中。

　　古希腊人采集汞的方法和我国有些类似。古希腊1世纪医生第奥斯科里德在他的著述中描述了采集汞的装置。把一个铁罐子倒置在另一个铁罐子上。只是硫化汞放置在下面罐子底部的铁盘中，然后把下面的罐子进行底部的加热，这样就会产生汞在上面罐子内壁凝结，冷却后将它刮下来。硫化汞与氧之间能够生成汞，与铁也能够生成汞。

◎汞异常和汞污染

　　曾在1983年第7期的《考古》杂志中发表的《秦始皇陵中埋藏汞的初步研究》一文称：对整个封土堆的土壤汞量测定过程中，1个点的含量达到1440ppb（纳克级，相当于10的负9次方），其余53个点的平均含量约205ppb，由此得出了封土汞含量异常的结论，进而认定封土汞异常的原因，原来是来自秦始皇陵地宫之中，有着象征意义的江河大海的水银。有些人认为这是秦始皇陵"以水银为江河大海"的史料记载，得到了当代科技手段的肯定，认为这是地宫建设超越时空界限的铁证，更有权威人士据此提出：由于有大量水银的保护，秦始皇虽然死了2000多年，但是秦始皇的尸体仍然完好无缺的安卧在地宫之中。当然这也是一些专家和学者对"物探"成果的真实性、适应性提出了合乎逻辑的质疑。

　　在1986年的秦俑学术讨论会上，有人就"汞异常"的说法指出：如果要使前述观点得以成立，首先要排除以下几种外部汞污染的可能性。要排除周边工厂排出的含汞废水、废气，对秦始皇陵封土产生的各种大量污染情况；要排除秦始皇陵附近有农作物的生长曾经使用过各种含汞的农药；要排除长期以来，在骊山开山工程爆破过程中，曾经使用过含汞的起爆剂。这些都是不可忽视的问题。

《临潼县志》记载："1978 年～1980 年，对全县苯、汞、铅作业工人进行普查，涉及 21 个工厂中毒人数 1193 人。"《陕西省志》也记录："长安、临潼、蓝田县，农药中的汞、砷等有毒物质，这些大部分的土壤之中都残留着汞物质，并且大部分都渗透到地下之中，并且会污染水资源。"还有人质疑说，如果秦始皇陵地宫集中埋藏着大量水银，那么它无疑是一个特大的污染源，历史上应该有汞污染引起的病史资料才对；而且在紧靠秦始皇陵封土附近几个村子的水井中，也应该测得汞异常的数据。然而这方面的记载一直是空白。我们知道，地壳中汞平均丰度为 0.08ppm（微克级，相当于 10 的负 6 次方），土壤为 0.03ppm～0.3ppm。所以，对秦始皇陵封土堆土壤汞量测定过程中，除含量达到 1440ppb 这个点确属不正常之外，其余 53 个点的平均含量都在正常范围之内。由此推导出秦始皇陵封土汞含量严重超标，是不够严谨的。

知识链接

　　一些学者对《史记》中"以水银为江河大海，相机灌输"的记载表示深信不疑，于是提出"在秦始皇陵地宫深处，存在着 13000 多吨水银，几千年来它们还在不断地流动着"。但是对这 13000 多吨水银的资源的来源，是难以解释清楚的。史书中曾记载过，在四川中以出产水银著称的涪陵汞矿，一直到明清两代，进贡朝廷的汞每年只有 150 多千克。那么要在秦始皇陵地宫中灌进 13000 吨水银，如果按照明清时期朝贡数量估算，那么需要生产 9 万多年的汞才能够满足当时的需求。而从另一方面来讲，如果在几十米深处的地宫有 13000 多吨水银，那么它在封土堆表面形成"污染圈"的汞含量，就可能达到一个难以想象的特高数值。即使想要把地宫之中的水银都压到 200 吨左右，那么至少也要生产 1300 多年。

拓展思考

1. 硫化汞是怎样形成的？
2. 测量温度的仪器用的是汞吗？

有趣的化学——元素的发明与利用

铜、锡和青铜

Tong、Xi He Qing Tong

铜在自然界中被人们广泛使用，目前铜的需求量是非常大的。自然界中存在着天然铜，曾经获得最大的天然铜重 420 吨。新疆地区矿产陈列馆曾征集到一块罕见的特大自然铜标本，铜块长约 40 厘米，宽约 37 厘米，厚约 21 厘米，重 102 千克。铜通常呈现为铜红色，表面部分氧化就会呈现出绿黑色。

在古代，人们最初发现了天然铜，用石斧把它砍下来，用锤打的方法把它加工制成物件。于是铜器开始挤进石器的行列，并且铜器也逐渐的取代

※ 青铜鼎

了石器的地位，逐渐结束了人类历史上新石器的时代。

距今 4000 年前，我国夏朝已开始使用红铜。1955 年从河北唐山大城山遗迹发掘出来的两块铜牌，不像是铸造出来的，而是锻锤出来的，这就是红铜的一大特点。1957 年和 1959 年，先后两次在甘肃武威皇娘娘台遗址发掘出铜器近 20 件，经分析发现，铜器中铜的含量高达 99.63％～99.87％，同样属于纯铜。不过，天然铜的产量毕竟比较稀少。随着工业生产的不断发展，人们使用天然铜制造生产工具，就不敢随意敷衍。生产的发展促进人们找到从铜矿中取得铜的方法。铜在地壳中的总含量并没有多少，不超过 0.01％，但是含铜的矿物是比较常见的，而且它们的颜色非常的鲜艳，所以才会引起人们更多的关注。

纯铜有一定的缺陷，纯铜制成的物件过于松软，比较容易弯曲，并且很快就会变钝。于是人们把锡掺到铜里，制成铜锡合金——青铜。青铜熔化需要的温度比纯铜的温度低些，就使青铜器件的熔炼和制作比纯铜容易得多。青铜比纯铜更加的坚硬，这样使人们在制造劳动

※ 铜

工具和武器方面有了很大程度上的改进。历史上称这个时期为青铜时代。

考古学家们从埃及第一王朝时期的坟墓中发现许多铜制工具，例如锯、刀、手斧、锄等，这就说明了在古埃及的时候人们已经掌握了铜的冶炼、热锻、铸造的技术。就在同一时期，古埃及人从矿石中熔炼出了锡。苏联地质学家费尔斯曼在编著的《趣味地球化学》中曾经写到："人类利用锡比利用铁要更早些。在公元前五六千年的时候，人类还不会炼铁就已经会熔炼锡了。"可是，锡相比铜还要软一些，而且还非常不结实，不适宜制作物件。只有把锡掺进铜之中，那样才能制成合金青铜，才能够使铜变得更加坚硬。假如把锡的硬度定为5，那么铜的硬度就是30，而青铜的硬度则是100～150。人们把锡掺进铜中制成青铜合金，是人们实践的成果，更是由无意识发展到有意识的过程。在自然界中存在着混有铜和锡的矿石，而且锡和铜几乎是同一时期里取得的，因此最初是偶然地获得了青铜，只是后来人们认识到青铜的优良性能，只要按照一定的比例把铜和锡一起合起来提炼，就会变成青铜。

我国在战国时期的著作《周礼·考工记》里总结了熔炼青铜的一些经验，并且讲述了青铜铸造各种不同物件采用铜和锡的不同比例："金

有六齐。六分其金而锡居一，谓之钟鼎之齐；五分其金而锡居一，谓之斧斤之齐；四分其金而锡居一，谓之戈戟之齐；三分其金而居一，谓之大刃之齐；五分其金而锡居二，谓之削杀矢之齐；金锡半，谓之鉴燧之齐。"而这段文字表明了在三千多年前，人们就已经认识到，用途不一样的青铜器所要求的性能也会有所不同，用以铸造青铜器的金属成分比例也不一样。从我国古代遗址中发

※ 锡球

掘出来的青铜实物来看待，多种多样的品种，有作为兵器的戈、矛和镞；有生活用的针、锥和小刀；有钟、鼎、簠、簋、壶、镜等，这些器具都与生活息息相关，都是生活中的必备品。

知 识 库

　　1939年，在安阳武官村出土的鼎是我国发掘出土青铜器中最大的一件，重875千克，带耳，通耳高133厘米，横长110厘米，宽78厘米。根据化学家进行分析，它是由84.77%的铜、11.64%的锡和2.79%的铅的合金铸成。在这个鼎的内壁中刻有"司母戊"三个字铭文，上面是精美的雷纹、龙纹，非常富丽堂皇。考古学家们认为它是殷代后期的产品，这就说明在当时或者是更早的时期，我国青铜熔炼和铸造技术已经达到非常熟练并且能够制作出非常精美的程度了。

　　在古代巴比伦、印度等国，也比较早的进入青铜时代。约公元前三千年，巴比伦已经在从矿石中提炼纯铜的基础上迈进了一大步，开始熔炼青铜。在古印度城市摩痕觉一达罗和哈拉帕的发掘中，发现了大量的铜器和青铜器，这也表明远在公元前4000年～前3000年之间，古印度劳动人民在蕴藏铜矿较大的地区开始发展炼铜业。由于青铜比较坚硬，并且容易熔化，能够很好地铸造成型，还能够被磨光擦亮，在空气中稳定性比较好，因此，即使在青铜时代以后的铁器时代里，也没有丧失它的使用价值。人们用它制造艺术品、货币、铜镜、钟、大炮等等。例如，约公元前280年，欧洲爱琴海中罗得岛上罗得港口矗立的青铜太阳

神，青铜太阳神高达 46 米，手指高度超过了成人的高度。日本奈良东大寺公元 794 年铸造的青铜佛像重 400 多吨，高 16.2 米，拇指长 1.6 米。

在我国古代，劳动人民早期就开始利用天然铜的化合物进行湿法炼铜，简单来讲就是把铁加在天然溶有胆矾的水之中，使硫酸铜中的铜离子被金属铁置换成单质铜，然后沉淀下来。湿法冶金技术的起源，也是世界化学史上的一项重要发明。

知识链接

铜有很多优点，铜具有独特的优良导电性能，是铝所不能代替的。在今天电子工业和家用电器非常盛行的今天，这个古老的金属也恢复了以往的青春。据有关报道，现今社会，铜的导电性能正在被各国家广泛应用。从国外的产品来看，一些新型的能量以最大的柴油电动机之中使用的铜高达 8 吨多；波音 747－200 型飞机总重量中铜占 2%，其中铜电线长达 190 多千米；法国高速火车铁轨每千米用 10 吨铜；一辆普通家用轿车中的电子和电动附件所需铜线长达 1 千米。所以，不要小看了铜的使用价值哦！

拓展思考

1. 青铜放置在哪里会逐渐被腐蚀？
2. 铜与什么结合会变成红色的？
3. 为什么锡的熔点会比铜的低？

有趣的化学——元素的发明与利用

天上落下的铁

Tian Shang Luo Xia De Tie

其实在生活中你一直都在补充铁呢。人体之中不可或缺的就是铁。那么你知道什么是铁吗？铁是一种化学元素，它的化学符号是 Fe，它的原子序数是 26，是生活之中最经常用到的金属。它是过渡金属的一种，也是地壳含量第二高的金属元素。中国则是世界上最早发现和掌握炼铁技术的国家。

※ 铁

1973 年，在中国河北省出土了一件商代铁刃青铜钺，说明了中国劳动人民早在 3300 多年前就已经对铁有了深刻的认识，并且熟悉了铁的锻造性能，识别了铁与青铜在性质上的一些差别，把铁铸在铜兵器的刃部，可以加强铜的坚韧性能。经过科学的鉴定，证明铁刃是

※ 含铁的食物

用陨铁锻成的。随着青铜熔炼技术的不断发展成熟，也逐渐为铁的冶炼技术创造了条件。

◎铁的发现

人类最早是从天空落下的陨石中发现铁的，陨石中含有铁的百分比非常高（铁陨石中含铁90.85％），陨石是铁和镍、钴的混合物。曾有考古学家在古坟墓中发现陨铁制成的小斧；在埃及第五王朝至第六王朝的金字塔中所藏的宗教经文中，也曾记述了当时太阳神等非常重要神像的宝座也是用铁制成的。铁在当时就被人们认为是最珍贵的金属，埃及人把铁叫做"天石"。

※ 铁工具箱

人类最早对铁的认识来源于陨石，但是由于陨石来源极其稀少，而从陨石之中来获得铁对生产上没有太大作用，随着青铜熔炼技术的不断成熟，才逐渐为铁的冶炼技术发展创造了有利条件。中国最早人工冶炼的铁是在春秋战国时期出现的，距今大约2500年。中国炼钢技术发展也非常早，1978年，湖南省博物馆长沙铁路车站建设工程文物发掘队从一座古墓出土一口钢剑，从古墓随葬陶器的器型。纹饰以及墓葬的形制可以断定是春秋晚期的墓葬。经分析这口剑所用的钢是含碳量0.5％左右的中碳钢。

在古时候的炼铁技术已非常成熟，至今竖立在印度德里立附近一座清真寺大门后的铁柱，就是用相当纯度的铁铸造而成。试想一下，在当时的条件下是如何能够生产这样的铁，就连现代人也认为此举在当时是一个伟大的奇迹。经分析发现，它的含铁量大于99.72％，其余是碳0.08％，硅0.046％，硫0.006％，磷0.114％。

▶ 知识链接

我们身体之中最不可缺少的就是铁元素。铁元素是构成人体必不可少的元素之一。一个成人体内大约有4克～5克的铁，成人对铁的摄取量是10毫克—15毫克。妊娠期妇女需要30毫克。1个月内，女性所流失的铁大约为男性的2倍，吸收铁时需要铜、钴、锰、维生素C。铁元素也是孕妇所必备的条件之一，但是当孕妇在妊娠的时候服用铁元素也要注意，妊娠期妇女服用过多铁剂会使胎儿发生铁中毒。如果您正在服用消炎药或者是每天有必须要服用阿司匹林的话，那么您的体内就一定需要补充铁元素。经常喝红茶或咖啡的人请注意，当你在饮用大量咖啡或者是红茶的同时，正是防止你吸收铁元素。

◎用途

铁的用途非常广泛，特别是在我们的生活之中，铁可以算得上是最有用、最价廉、最丰富、最重要的金属了。铁同样也是碳钢、铸铁的主要元素，在工业和农业的生产之中，装备制造、铁路车辆、道路、桥梁、轮船、码头、房屋、土建等等都不可能缺少钢铁构件。中国年产钢材 4 亿多吨、铸件 3350 万吨。钢铁的产生状况代表着一个国家的生活水平发展的状态。

如果一个人的身体中缺少了铁元素，会造成贫血，也可能会恶化为白血病，所以千万不要让我们的身体缺铁元素。在十多种人体必需的微量元素中，铁无论在重要性上还是在数量上，都有重要地位。一个正常的成年人全身含有 4～5 克铁，相当于一颗小铁钉的重量。人体血液中的血红蛋白就是铁的配合物，它具有固定氧气和输送氧气的重要功能。只要不偏食，不大出血，成年人一般不会缺铁。铁在代谢过程中可被反复利用。除了肠道分泌排泄和皮肤、黏膜上皮脱落损失一定数量的铁，几乎没有其他途径的丢失。

铁还是植物制造叶绿素不可缺少的催化剂。如果一盆花缺少铁，那么花就会失去娇艳的颜色，变得暗淡，失去那沁人肺腑的芳香，叶子也会随之发黄变得枯萎。一般土壤中也会含有不少铁的化合物。铁是土壤中一个重要的组分，其在土壤中的比例从小于 1％至大于 20％不等，平均是 3.2％。铁主要以铁氧化物的形式存在，其中既有二价铁，也有三价铁，各种各样的铁氧化物在土壤颗粒里以一种不同程度的微结晶形式存在其中。

| 拓展思考 |

1. 为什么人类需要铁？
2. 铁在什么时候会变成青色的？
3. 硝酸亚铁是怎样形成的？

锑和铋的揭秘

Ti He Bi De Jie Mi

你知道什么是锑吗？锑有哪几种形式存在呢？其实锑存在于地壳之中，锑在地壳中的含量为 0.0001％，主要以一种单质或者是辉锑矿、方锑矿、锑华和锑赭石的形式存在，目前已经知道的含锑矿物多达120 种。锑质地坚实而脆，锑钨矿山也比较容易粉碎，有光泽性，无延性和展性。锑具有黄锑、灰锑、黑锑三种同素异形体。金属锑呈银白色，性脆，有独特的热缩冷胀性。无定形锑呈灰色，可由卤化锑电解制得。锑锭有两种同素异形体：黄色变体仅在 −90℃以下才会比较稳定；金属变体是锑的稳定形式。2070℃时锑蒸汽为单原子分子。但是金属锑并不是一种活泼性能较好的元素，它仅仅只在赤热的时候与水反应才会放出氢气，在室温之中并不会被空气氧化掉，但是能够与氟、氯、溴化

※ 锑

合；加热时能与碘和其他百金属化合。锑易溶于热硝酸，形成水合的氧化锑。能与热硫反应，生成硫酸锑。锑在高温时可与氧反应，生成三氧化二锑，是一种两性氧化物，但是却非常难以融入水中。可溶于酸和碱并且可以与浓硝酸发生反应。

◎发现和使用过程

约公元前 18 世纪，人们发现了锑的存在，但是当时人们并未真正地认识这种金属。1556 年，德国冶金学者阿格里科拉在其著作中讲述了用矿石熔析生产硫化锑的方法，但是却将硫化锑误认为是锑。1604 年，德国人瓦伦廷记述了锑与硫化锑的提取方法。18 世纪已用焙烧还原法炼锑，在 1896 年制出了电解锑。1930 年之后，锑矿鼓风炉熔炼法成为生产金属锑的一种非常重要的方法。60～70 年代发展了多种挥发熔炼和挥发焙烧法。中国是世界上发现和利用锑较早的国家之一。在秦墓出土文物的秦代箭，经光谱分析含锑，从这来看，中国对锑的利用非常的早，但是当时并不叫做锑，而称"连锡"。1541 年间（明朝末年），中国发现了世界最大的锑矿产地——湖南锡矿山，当时人们把锑错认为是一种锡元素，所以命名为锡矿山，一直到清光绪 16 年，经过化验才确定是锑。

1897 年光绪年间创办"积善"厂，也是锡矿山最早的锑炼厂，这就意味着我国的"连锡"转入锑生产的时代。1908 年，湖南华昌公司从法国引进挥发焙烧法，开始用此法炼锑。机械制造业开始逐渐兴起，锑的用途和需求量开始不断扩大，继开发锡矿山之后又先后开发了湖南桃江板溪、新邵龙山、桃源沃溪等地锑矿，使湖南锑业居全国之首。接着，黔、滇、桂等省区也相继开采一些锑矿。从 1908 年之后的数十年之间，中国产锑量常占世界总产量 50％以上，仅仅就锡矿山从 1912～1935 年间的锑产品量占据了世界产量的 36.6％，占全国的 60.9％。自从中华人民共和国成立之后，我国就开始对锑矿进行大规模的地质勘探和开发，并且发展了硫化锑精矿鼓风炉挥发的熔炼。我国的锑矿总储量和总产量占据世界的首要地位，并且大量的出口，生产高纯度金属锑以及优质特级锑白，标志着世界上锑产业水平获得了进步。

◎元素用途

锑作为其他合金的组成元素，可以增加其硬度和强度。像蓄电池极板、轴承合金、印刷合金、焊料、电缆包皮及枪弹之中等都含有锑。铅锡锑合金可作薄板冲压模具。半导体硅和锗有共用的掺杂元素高纯锑。三氧化二锑是锑最主要用途之一，锑白是搪瓷、油漆的白色颜料和阻燃剂的重要原料。硫化锑是橡胶的红色颜料。生锑用于生产火柴和烟剂。由此可知在生活中，化学元素和我们息息相关。锑是电和热的不良导体，在常温下不容易发生氧化，具有强烈的抗腐蚀性能。因此，锑在合金中的主要作用是增加硬度，常常被称为金属或者合金的硬化剂。在金属中加入比例不等的锑后，金属的硬度就会加大，可以用来制造军火，所以锑也是重要的战略金属，是战争的重要器具。

锑及锑化合物首先使用于耐磨合金、印刷铅字合金及军火工业，是重要的战略物资。含锑合金及锑化合物用途十分广泛，锑化物可以做可阻燃材料，所以常应用在各式塑料和防火材料中。含有锑、铅的合金耐腐蚀，是生产蓄电池极板、化工管道、电缆包皮的首选材料；锑与锡、铅、铜的合金强度高、极耐磨，是制造轴承、齿轮的好材料，高纯度锑及其他金属的复合物是生产半导体和电热装置最佳材料。锑的化合物锑白是优良的白色颜料，经常用在陶瓷、橡胶、油漆、玻璃、纺织以及化工产业之中。一些锑的金属互化物是化学反应中的优良催化剂。可催化间苯二酚氧化成间苯醌的反应，以及环己烷的加氢反应。随着科学技术的发展，锑现在已被广泛用于生产各种阻燃剂、搪瓷、玻璃、橡胶、涂料、颜料、陶瓷、塑料、半导体元件、烟花、医药以及一些化工等等部门的产品。

▶知识库

目前世界上已经探明了锑矿储量为 400 多万吨，而中国就占据了一半多。中国锑的储量、产量、出口量在世界上均占世界第一位。目前在中国有锑产地 111 处。主要包括贵州万山、务川、丹寨、铜仁、半坡；甘肃省崖湾锑矿、陕西省旬阳汞锑矿；湖南省冷水江市锡矿山（全世界最大的锑矿）、板溪；广西壮族自治区南丹县大厂矿山。

◎锑的毒性

使用锑时一定要注意，锑会刺激人的眼、鼻、喉咙以及皮肤，持续接触可破坏心脏及肝脏功能，当人体吸入高含量的锑就会导致锑中毒，主要症状包括呕吐、头痛、呼吸困难，比较严重的时候就会直接导致死亡。德国音乐神童莫扎特死因不明，有一派说法就说他死于锑中毒。国际氧化锑工业协会早年运行的试验表明，老鼠若长时间暴露在含锑高浓度空气中，肺部就会产生严重的炎症，逐渐患上肺癌。虽然至今尚未出现因吸入过量锑而染上肺癌的个案，但是仍然不排除其对人体的潜在危险。2002 年 9 月的时候，世界卫生组织规定，对水中锑含量和日摄入量应小于 0.86 微克/每日。欧盟协商规定，食品中的锑含量应小于 20ppb，环保极 PET 纤维中的锑含量不得大于 260ppm。锑在地壳之中的含量其实是比较少的，但是它在自然界中有单质状态存在。

◎铋

铋是一种天然放射性元素，是一种有银白色光泽的金属，质地脆；熔点 271.3℃，沸点 1560℃，密度 9.8 克/厘米。铋曾一度被认为是稳

※ 铋

定的元素，其实不然。铋的半衰期使得它和稳定元素几乎没有差别；铋导电导热的性能非常差；由液态到固态时的体积会慢慢的增大。当铋非常红热的时候才能与空气发生作用，铋也可以直接与硫、卤素化合；不溶于非氧化性酸，溶于硝酸、热浓硫酸。铋可制低熔点合金，用于自动关闭器或活字合金中；碳酸氧铋和硝酸氧铋用作药物；氧化铋用于玻璃、陶瓷工业中。

发现过程

在古希腊和罗马时，人们就开始使用铋，人们用铋做盒子和箱子的底座。1556 年，德意志学者阿格里科拉在《论金属》一书中提出了锑和铋是两种独立金属的见解。1737 年，赫罗特用火法分析钴矿时曾经获得了一小块样品，但是却不知道是什么物品。1753 年，英国人若弗鲁瓦和伯格曼确认铋是一种化学元素，并将其定名为 bismuth。

> **知识链接**
>
> 铋在自然界中以游离金属和矿物的形式存在。矿物有辉铋矿、铋华等。金属铋由矿物经过煅烧后形成为三氧化二铋，接着再次与碳进行共热还原从而获得，可用火法精炼和电解精炼制得高纯铋。铋主要用于制造易熔合金，熔点范围是 47℃～262℃，最常用的是铋同铅、锡、锑、镉等金属组成的合金，用于消防的装置、自动喷水器、锅炉的安全塞，一旦发生火灾，那些水管的活塞就会"自动"熔化，就会喷出水来。在消防和电气工业上，可以用作自动灭火系统和电器保险丝、焊锡。铋合金也具有一定凝固作用，具有在凝固的时候不收缩的特性，用于铸造印刷铅字和高精度铸型。碳酸氧铋和硝酸氧铋也是药物用品，可以用于治疗皮肤损伤和肠胃病症。

存在形式

铋在地壳中的含量并不大，为 $2 \times 10^{-5}\%$，但是自然界中铋以单质和化合物两种状态存在，主要矿物有辉铋矿（Bi_2S_3）、泡铋矿（Bi_2O_3）、菱铋矿（$nBi_2O_3 \cdot mCO_2 \cdot H_2O$）、铜铋矿（$3Cu_2S \cdot 4Bi_2S_3$）、方铅铋矿（$2Pb_S \cdot Bi_2S$）。在自然界中，铋有硫化物的辉铋矿（$Bi_2S_3$）和氧化物氧化铋（$Bi_2O_3$），或称铋黄土，是由辉铋矿和其他含铋的硫化物氧化后形成的。由于铋的熔点非常低，所以用炭就可以将从它的天然矿石中还原出来。所以铋很早就被古代人所取得，但是由于铋性能非常的脆而硬，缺乏延展性，因此古代人们当得到铋之后，并没有应用到它，只是把它留在合金中。但是金属铋并不是银白色的，而是粉红色的。

▶ 知识链接

·铋矿国内产地·

在中国铋资源储量首居世界上的首位，主要分布在湖南、江西、广东、云南和内蒙，尤其以湖南郴州和赣南地区较丰富。2000 年湖南省国土资源资料表明，保有铋储量 32.26 万吨，其中柿竹园区铋储量就达 21.33 万吨（平均品位 0.17％）。近年来，柿竹园附近的金船塘—玛瑙山矿区，铋资源总量虽然不及柿竹园矿区，但是它的矿点非常的多，品位高，可选性能非常好。铋精矿总产量就大大超过了柿竹园，精矿铋金属含量年产规模在 2000 吨以上。

| 拓展思考 |

1. 铋的熔点和沸点各是多少？
2. 铋以什么形式存在于自然界中？
3. 你知道铋的作用吗？

有趣的化学——元素的发明与利用

砷和锌

Shen He Xin

你知道什么是砷吗？砷是一个知名的化学元素，其元素符号为As，原子序号为33。第一次有关砷的纪录是在1250年。砷是一种有毒的类金属，并且有非常多的同素异形体，黄色和几种黑、灰色是一部分常见的种类。以三种有着不同晶格结构的类金属形式砷存在于自然界。比较严格地说是砷矿，更为稀有的自然砷铋矿和辉砷矿，但是更容易发现的形式是砷化物与砷酸盐化合物。砷与其化合物被运用在农药、除草剂、杀虫剂与许多种的合金中。

※ 砷

知识库

　　1250年，砷被西方文化史学家发现。德国的马格耐斯在由雄黄与肥皂共热的时候得到了砷。近年来中国学者通过研究发现，实际上中国古代炼丹家才是最早发现砷的人。据史书记载，约在公元前317年，中国的炼丹家葛洪用雄黄、松脂、硝石3种物质炼制得到砷。

　　灰色晶体砷具有金属性能，脆而硬，具有金属般的光泽，传热导电性能强，容易被捣成粉末状。密度5.727克/立方厘米。熔点817℃（28大气压），加热到613℃，便可不经液态直接升华，形成为蒸气，砷蒸气具有一股难闻的大蒜臭味。砷的化合价＋3和＋5。第一电离能9.81电子伏特。游离的砷是相当活泼的。在空气中加热至约200℃时，会有晶莹的光出现，于400℃时，伴有一种蓝色的火焰燃烧的情况，并且形成白色的氧化砷烟。游离元素易与氟和氯化合，在不断进行加热情况下与大多数金属和非金属会发生反应。不易溶于水，溶于硝酸；能溶解于强碱，生成砷酸盐。砷：主要以硫化物矿形式存在，有雄黄（As_4S_4）、雌黄（As_2S_3）、砷黄铁矿（FeAsS）等。

　　由于三氧化二砷用于碳，并且经过还原而制得。砷作为合金添加剂生产铅制弹丸、印刷合金、黄铜（冷凝器用）、蓄电池栅板、耐磨合金、高强结构钢及耐蚀钢等。在黄铜中含有砷时可以防止锌的脱落。高纯砷是制取化合物半导体砷化镓、砷化铟等的原料，也是半导体材料锗和硅的掺杂元素，并且这些材料被广泛用作二极管、发光二极管、红外线发射器、激光器等。在制造农药、防腐剂、染料和医药等的时候，都使用到砷的化合物。还可用于制造硬质合金。砷的化合物也可以用于杀虫以及医疗方面。砷和它的可溶性化合物都具有一定的毒素。

　　砷在地壳中含量并不多，但是它在自然界之后到处都存在。砷在地壳中有时以游离状态存在，主要是以硫化物矿的形式存在，如雌黄（As_2S_3）、雄黄（As_2S_2）和砷黄铁矿（FeAsS）。但是无论何种金属硫化物矿石中，都会含有一定容量砷的硫化物。因此，人们很早就认识到砷和它的化合物。经过长期的分析，在中国商代时期的一些铜器中有砷，有的多达4％。铜砷合金中含砷约10％时呈现白色，有锡时含砷少一些，也可得到银白色的铜。砷的硫化物矿自古以来就被用作颜料和杀虫剂、灭鼠药。

有趣的化学——元素的发明与利用

公元 1 世纪，希腊医生第奥斯科里底斯就讲述烧砷的硫化物，以此来制取三氧化二砷，并且广泛地用于医药中。三氧化二砷在中国古代文献之中也被称为砒石或砒霜。小剂量砒霜可以作为药用，在中国医药书籍中最早出现在公元 973 年宋朝人编辑的《开宝本草》中。西方化学史学家们一直认为从砷化合物中分离出单质砷的是 13 世纪德国炼金家阿尔伯特·马格努斯，他是用肥皂与雌黄共同加热而获得的单质砷。到 18 世纪，瑞典化学家、矿物学家布兰特阐明砷和三氧化二砷以及其他砷化合物之间的关系。拉瓦锡证实了布兰特的研究成果，认为砷是一种化学元素。

◎砷过量表现

砷的素性与其化合物有一定的关联，无机砷氧化物以及含氧酸是一种最常见的砷中毒的原因。可以通过尿砷检测到确定是否是中毒的现象，尿砷含量达到 0.09mg/L 以上就被认为是中毒。检测发砷也可以了解砷中毒的情况，中毒暂行标准为发砷含量达到 $0.06\mu g/g$ 以上。

◎代谢吸收

在膳食中各种砷很容易被吸收掉，但是也会通过皮肤或者是呼吸进入到体内。无机砷酸盐和亚砷酸盐的水溶液中的砷有 90％以上可以被吸收，不同形式的有机砷其砷的吸收程度也会有所不同，胂甜菜碱较胂胆碱多，而口服羟乙酰胂酸钠后，大部分都由粪便排出。砷酸盐的吸收是依靠尝试梯度的转运，而有机砷的吸收主要通过肠界而脂质区进行扩散。砷被吸收后在肝脏进行甲基化，并且受到体内谷胱甘肽、蛋氨酸和胆碱状态的影响。砷以甲基化衍生物的形式由尿排出。有机砷中，胂甜菜碱在体内不经过生物转化即从尿排出，而胂胆碱大多数转化为胂甜菜碱后由尿液排出体外，另一些与胆碱相似，从而掺入体内磷脂中。

◎生理功能

经过大量的羊、微型猪和鸡的研究结果发现，砷是一种必需的微量元素。在饮料之中含砷较低时，就会导致生长滞缓，从而减少怀孕，自发流产也比较高，死亡率较高。骨骼矿化减低，在对羊和微型猪的研究中，还观察至心肌和骨骼肌纤维萎缩，线粒体膜有变化可以导致破裂。砷在体内的生化功能还不能够准确的确定，但是经过研究提示，砷可能在某些酶反应之中会起到一定的作用，以砷酸盐替代磷酸盐作为酶的激活剂，以亚砷酸盐的形式与巯基反应作为酶抑制剂，从而会明显的减少一些某些酶的活性。有人观察到，在做血透析的患者其血砷含量会逐渐地减少，并且可能与患者中枢神经系统紊乱、血管疾病有关。

◎存在形式

在自然界中处处都可能有砷的存在，例如火山喷发、含砷的矿石。在工厂中，砷是熔炉（铅、金、锌、钴、镍）的副产品，其他的有可能的砷暴露如下：（1）自然界：含砷的矿石，地下水。（2）商业产品：木材保存、杀虫剂、除草剂、防真菌剂、棉花干燥剂、油漆及颜料、含铅汽油。（3）食物：酒（若栽培的葡萄喷洒含砷的农药）、烟草、海产（尤其是贝类）。（4）工厂：燃烧石化燃料、燃烧以砷化铜处理的木材、电子产业、金属合金、制作兽皮。（5）药物：carbasone，草药，过去在治疗梅毒或者是干癣的药物，现在用来治疗动物的抗寄生虫药。

砷有三种形式存在：不带价，三价砷，五价砷，其化合物对哺乳动物的毒性由价数的不同。有机或者是无机，是气体、液体、还是固体，溶解度高低、粒径大小、吸收率、代谢率、纯度等来决定。一般而言，无机砷比有机砷毒，三价砷比五价砷毒。但是，我们对不带价的砷的毒性了解非常少。砷化氢的毒性和其他的砷有所不同，是目前砷化合物中最毒的一个。自从半导体产业大量使用砷化镓（也用于雷射、光电产业），砷化氢的使用量也是日益的增加。对于一般人而言，砷的摄取多来自食物和饮水之中。鱼、海产、藻类中含有，这些化合物对人体毒性比较的低而且容易排出体外。饮用水的污染曾在美国、德国、阿根廷、智利、台湾（乌脚病）、英国都有发生过。砷会成为恶名昭彰的毒素，是因为砷容易接触。过去就有小朋友误食含砷的杀虫剂，或者是在经过砷化铜处理的木头家具附近玩耍的时候，会因为皮肤接触或者是食入导致砷中毒。

◎代谢

砷经过食入会吸收 60%～90%。尘埃粒径的大小会决定沉着的部位。而经过皮肤吸收的却非常少。砷在吸收之后会分布到肝、脾、肾、肺、消化道，皮肤、头发、指甲、骨头，牙齿也可能存储少量，其他的都会迅速地被排除掉。在人体中，五价砷和三价砷会互相进行转换，代表去毒的甲基化则多半在肝脏进行。甲基化的能力会因砷暴露量增加而逐渐地减低。甲基化的能力是可以被训练的，如果长时间暴露低浓度的砷，则之后再暴露在高浓度砷时甲基化能力会增强。甲基化的砷会由肾脏、排汗、皮肤脱皮、或指甲头发等排除。海产中的砷化物无法在人体内转化，通常以原貌由尿液排除。无机砷通常在两天内排除，海产也含砷化合物。

◎锌

在元素的世界中，有一个非常有牺牲精神的金属元素——锌。在白铁皮的表面外，如冰花一般、闪闪发亮的金属就叫做锌。我们通常说的

※ 锌

"铅丝"，其实也就是镀锌的铁丝。自行车的辐条、五金零件和仪表螺丝等等，也是一种镀锌的制品。在它们的表面有着一层薄薄的镀锌外衣，来抵挡住潮气的侵袭，保护内部的钢铁不被腐蚀。

在元素之中，锌是比较活泼的一种。当新制成的锌粉遇到水的时候会发生化学反应，那种激烈的程度很可能会引起发热、自燃的现象。可是，如果锌在空气中和氧化合的话，在其表面就会形成一层致密的氧化锌薄膜，从而有效地保护内部不会生锈。锌比铁还要活泼些，所以镀锌的铁皮一旦破损的话，在水溶液里，比较活泼的锌就容易失去电子从而被氧化，变成锌离子，接着会发生锈蚀，不能够保护铁不受腐蚀。

人们在水闸、水下钢柱、船舰的尾部、船锚和锅炉内壁，将锌块镶嵌在钢铁表面，来充当防锈的卫士，锌块不断地锈蚀而开始日益消瘦，以至于最终被新的锌块替换上去，却保护了它相邻的钢铁而安居乐业，这是一种多么可歌可泣的自我牺牲精神啊！

据统计得出，全世界生产的锌有 40％用来制造镀锌钢板、管材和白铁皮。锌才是铁最忠诚的保护卫士。有的人经常认为锌就是铅。镀锌的白铁皮、铁丝、铁管，至今还被人称为"铅皮""铅丝""铅管"。这只是古代的一种说法而已。

知 识 库

　　中国是最早使用冶炼锌和使用锌的国家。关于"升炼倭铅"的记载，是我国历史中最早的炼锌技术文献。其采用的主要原料是炉甘石，即菱锌矿、碳酸锌。加木炭隔绝空气殿烧还原为提炼的方法。古文献记载得非常明确、详尽，同时也反映了在我国古代高度的科学水平以及科技的进步。

锌的熔点不是很高，在 419℃化为锌水，907℃时开始沸腾，其挥发性能也比较高。在古代，纯锌的提炼和应用稍微晚于金、银、铜、铁、锡。锌在地壳中的含量只略少于铁，比"五金"中的其他四金都多得多。1746 年，德国化学家马格拉夫第一次用炭还原法得到金属锌，事后发现它和当时进口的原产中国广东的锌一模一样。与金属锌相对比起来，锌和铜的合金更具有悠久的历史。早在 1700 多年前的东汉末期，我国就已经有冶炼锌钢合金的方法了。把赤铜和炉甘石、木炭放在一起进行烧炼，还原出来的金属锌就会立即和铜形成一种金灿灿的黄铜。这种锌钢合金的外观很像黄金，人们通常都会利用它冒充黄金来作为室内的装饰品，后来又作为货币。

锌在现代生活中除了用来制造镀锌钢板、白铁皮和黄铜外，还大量用于生产干电池。我们平时所用的锌锰电池，外壳就是锌皮制作的，作为电池的负极，使用时不断腐蚀，变成锌的阳离子，同时向电路开始输送电子。电子流到炭棒正极，将炭棒周围的二氧化锰还原成三氧化二锰。电子手表里的钮扣电池，是锌汞电池，它的容量比普通的干电池大得多。还有更先进的就是银锌电池，其外形非常小巧，而且供电量非常大，被广泛用于宇航、国防、小型电子计算器和高级仪表上。锌的化合物中，氧化锌是著名的白色颜料。在白油漆中它的洁白度和遮盖力更是赛过了硫酸钡、硫酸铅。而且白色经久不变。它是白色橡胶、白色塑料的填充燃料。氧化锌在温度升高时，由白、浅黄逐渐变为柠檬黄。就是利用这一个特性，把它掺入油漆之中，然后做成变色的油漆，涂刷在电机、仪表的外壳上。电器一旦发热，变色油漆就会随着开始变色，以此来警告人们：这时候电器应该散热，否则就会烧毁！氧化锌还具有杀菌的作用，医用的胶布、软膏之中也少不了它。

硫化锌晶体在射线照射下，会发出一种绿色的荧光，是夜光表、荧光灯中最重要的荧光物质。

在元素周期表中，锌、镉、汞同属第二副族。锌和镉的性能最为接近，和汞有非常大的差异。锌和它的近邻铜、铝的性质非常相似。锌和铝都同属于两性金属，它们的氢氧化物既溶解于酸，又溶于碱，成为锌酸盐、铝酸盐。锌和铜都能够和氨形成配位离子。锌是人体必需的微量金属元素之一，重要性略逊于铁。一个体重 60 千克的成人，全身总共只有不到 2 克的锌，还不够做一枚小号干电池的壳皮！不要小看这些锌元素，这微不足道的锌是人体多种蛋白质的核心组成部分。已经查明有 25 种蛋白质之中都含有锌，其中多半是酶，如碳酸研酶、酸肽酶、脱氢酶等。它们在生命活动过程之中起着转运物质和交换能量"生命齿轮"的重要作用。

锌在人体之中的分布非常广泛，在血液的红细胞、胃粘膜、胃皮层里都含有锌。牙齿含锌 0.02%，精液中含 0.2% 的锌，眼球里含锌量竟高达 4%。锌是人体内微量元素含量较多的一种，人体每日对锌的需求量和铁是一致的，每个成人的摄入量是 13 毫克。锌是制造精液需大量消耗的元素。长期的缺锌的话，就会酿成性功能衰退甚至是不育。因此，国外有人把锌称之为"夫妻和谐素"。

锌这么重要，是不是非常难以得到呢？不要担心，锌普遍存在于我们所吃的食物中，只要是不偏食的人，饮食里的锌供应量是充足的。青菜、豆荚、黄豆等黄绿色蔬菜里含锌相对比较的多。瘦肉、鱼类也含有不少的锌。即使我们的主食——米、面里含锌量也能满足人体的需要。据分析，每千克糙米含锌 172 毫克，全麦面含 22.8 毫克，白萝卜 33.1 毫克，黄豆 35.6 毫克，大白菜 42.2 毫克，牡蛎 1200 毫克。过多摄入锌会出现中毒现象。如果在白铁皮做的容器里盛食醋或果汁等酸性饮料，锌溶解进食物里，被侵入人体后会引起呕吐、腹痛、肚泻等症状。在冶炼和加工锌的场所，要防止吸入氧化锌微尘，以免发生"金属烟雾症"——患者嘴里感觉甜味，伴有发烧、咳嗽、呕吐等现象。

我国是世界上最早发现并且懂得使用锌的国家。据王琎在 1922 年对我国古钱的化学成分进行化学分析，证明其中含有大量的锌。章鸿钊于 1923 年对我国古代用锌问题专程进行了研究，连续发表了《中国用锌的起源》及《再论中国用锌之起源》。他根据对我国古代文献的考证及对汉钱的分析，认为我国在汉初（公元前一世纪）已知道用锌。我国用锌是从炼制黄铜开始的。黄铜即铜锌合金。在汉朝的时候，就有过一条法规——不准使用"伪黄金"。这里所说的"伪黄金"就是黄铜。

知识链接

过去，世界上都以为最早会炼制金属锌的是英国，因为英国在 1739 年公布了蒸馏法制金属锌的专利文献。其实，经过我国化学史工作者的考证，证明最早使用炼制金属锌的方法是英国人在 1730 年左右从中国学去的。根据考证，在 16 世纪，我国制造纯度高达 98％的金属锌，被以东印度公司为代表的西方殖民者从我国大量运至欧洲，后来，我国炼锌的方法也被他们传至欧洲。至今，欧洲仍有人称锌为"荷兰锡"，这是因为东印度公司是由荷兰、英、法、葡萄牙等国开设的，锌的外表和锡非常相似，所以锌被称为"荷兰锡"。实际上，"荷兰锡"的真名应该叫"中国锌"。

锌和我们的生活息息相关。大家都知道提水的小铁桶，常常用白铁皮制作而成的，在它的表面会有冰花状的结晶，这就是锌的结晶体。在白铁皮上镀了锌，最主要的就是为了能够防止铁被锈蚀。然而，非常奇怪的是锌比铁却更容易生锈。一块纯金属锌把它放在空气中，很快它的表面就会生成一种蓝灰色的锈。这是因为锌与氧气化合生成氧化锌的原因。可是这层氧化锌却非常致密，它能严严实实地覆盖在锌的表面，保护里面的锌不再生锈。这样，锌就很难被腐蚀掉了。也正是因为这样，人们便在白铁皮表面镀了一层锌防止铁生锈。每年，在世界上所生产的锌，有 40％被用于制造白铁皮，制成各种管子和桶等用品。

白铁皮要比马口铁耐用一些。马口铁碰破一点的话会很容易烂掉，可是白铁皮即使是碰破了非常大的一块，也不容易被锈蚀掉。这正是因为锌的化学性质比铁活泼，当外界的空气和水份向白铁皮"进攻"时，锌首先与氧气化合，从而保护铁不被腐蚀。金属锌除了用来制造白铁皮外，也用来制造干电池的外壳。不过干电池外壳的锌是较纯的。此外，锌也与铜制成铜锌合金——黄铜。最重要的锌的化合物是氧化锌，俗名叫"锌白"，是一种白色的燃料，用来制造白色油漆等。在正常室温下氧化锌是白色的，但是受热后就会变成黄色，冷却后，就会重新变成白色。现在，人们利用它的这个特点，制成"变色温度计"——用它的颜色变化来测量温度。锌还是植物生长中所不可缺少的元素之一。硫酸锌是一种"微量元素肥料"。根据测定，一般在植物中，大约含有百万分之一的锌，有些个别的植物含锌量却是非常的高，如车前草含万分之一的锌，芹菜含万分之五的锌，而在一些谷物中，竟有 12％的锌。人体中含锌在十万分之一以上。锌在地壳中的含量约为十万分之一。最经常的锌矿是闪耀着银灰色金属光泽的锌矿，它的化学成分是硫化锌。现在，工业上常用闪锌矿来炼锌。据不完全统计，1971 年锌的世界年产量达 370 万吨。

拓展思考

1. 砷有哪些作用？砷是什么时候被发现的？
2. 锌和铁的性质相比，谁的性质更活泼些？
3. 为什么我们的身体需要锌？

磷的发现

LIn De Fa Xian

你知道什么是磷元素吗？西方化学史的研究者们几乎一致认为，磷是在 1669 年由德国汉堡一位姓布朗德，名叫汉林的人发现的。他是通过强热蒸发尿从而取得的。一次，他在蒸发尿的过程中，偶然在曲颈瓶的接受器中发现一种特殊的白色团体，像是蜡一样，并且带有蒜臭味，在黑暗中不断发光，它被称之为冰火。为什么他会选择尿呢？有人说，当时有些人认为凡是黄色的东西里都会含有金，尿也是金黄色，所以他就选择了尿；有人说他是异想天开地企图从有机体中找到使贱金属转变成金和银的"哲人石"。

当时，布朗德的发现引起了德国的一些学者们的注意，其中有德国的哲学家、数学家莱布尼兹、化学家克拉夫特、孔克尔、艾尔绍兹等人。他们把布朗德如何制得磷的事迹记录了下来，并且快速的传播了出去。今天，化学史研究者们也只是根据他们的记述，肯定布朗德首先发现了磷。莱布尼兹著有《磷的发现史》；孔克尔著有《奇异的磷和奇异的发光丸》；艾尔绍兹著有《磷的观测》。克拉夫特曾用金钱向布朗德购得制取磷的秘密。在当时欧洲几个国家王侯的宫殿里，当时他熄灭了烛火，然后用自制的磷表演磷发光的实验，其中包括普鲁士大选候腓特烈·威廉和英国皇帝查理二世的宫殿。

1680 年 9 月 30 日，英国著名科学家玻意耳也从尿中制得了磷。他在这一年 10 月 14 日写成了报告，送交了皇家学会，但是这篇报告一直到 1693 年他死后才被发表。玻意耳在报告中提到，在蒸馏的尿中添加了细砂子，只需要稍微的进行加热。在尿里面含有磷酸钙，是含磷蛋白质和其他含磷物质在体内代谢的产物。磷酸钙在遇到尿中有机化合物，在进行强热炭化后就会形成碳，或者是添加到尿里的碳，会产生反应，从而生成一种元素磷。这至今仍是工业上制取磷的方法，不过在今天所使用的原料是矿产磷酸钙，而且是在电炉中进行加热制得。据克拉夫特说，玻意耳制取磷的方法是他在访问英国期间告诉玻意耳的。玻意耳的助手——一位德国化学家汉克维茨在 18 世纪初就懂得利用玻意耳的方法来有效的制取磷，并且把磷发展成为商品。德国化学家马格拉夫等人首先研究了磷和它的化合物的一些性质。1769 年，瑞典化学家甘英证明磷存在于人和动物的骨骼中。1771 年，瑞典化学家谢勒指出，人和动物的骨骼正是由磷酸钙组成的。

磷广泛存在于动植物体中，因而它最初从人和动物的尿以及骨骼中取得。这与古代人们从矿物之中取得的那些金属元素不一样，它是第一个从有机体中取得的元素。后来是拉瓦锡首先把磷列入化学元素行列。他燃烧了磷和其他物质，然后确定了空气的组成成分。磷的发现促进了人们对空气的进一步认识和了解。

磷被称为一种"发光物"，也就是人们所说的"鬼火"。东汉哲学家王充所著《论衡·论死篇》中说："人之兵死也，世言其血为磷，入夜行见磷，若火光之状。"这就是说，"磷"在我国古书之中表示物质在空气中自动燃烧的一种现象。后来根据我国化学元素命名原则，固态的非金属元素从"石"改变为"磷"。

> **▶知识链接**
>
> 　　最初人们发现磷的时候取得的是白磷，白磷是一种白色半透明的晶体，会在空气中缓慢的氧化，产生的能量以光的形式释放，因此会在暗处发光。当磷在空气中氧化到表面积聚的能量使温度达到 40℃时，就会达到磷的燃点进而自燃。因此它被用到火柴制造之中，磷的应用是从 1830 年才开始的，是在磷被发现大约 160 年之后，而且这种使用只维持了十多年而已。这是因为磷在发现后产量并不是太大，而白磷有剧毒，0.1 克白磷足以使人死亡；人吸入白磷蒸气后会发生牙床骨坏死病。白磷与一些氧化剂混合制成的火柴极易着火，效果非常好，但是非常的不安全。把这种火柴放在衣兜里就会引火烧身。1845 年，奥地利化学家施勒特尔发现了红磷，确定白磷和红磷是同素异形体。由于红磷无毒，在 240℃左右着火，在受到热之后就会转变成为白磷而燃烧，于是红磷就成为制造火柴的原料。

◎鬼火跟我走

当你在盛夏之夜，路过野坟墓较多的地方，也许会发现有忽隐忽现的青绿色的星火之光，十分诡异，如果你赶紧跑，那鬼火还会跟着你跑，让人顿时毛骨悚然。古人认为是鬼魂在作祟，所以就把这种神秘的火焰叫做"鬼火"。这种现象通常会出现在农村，阴雨的天气里出现在大片的坟墓地带，不过偶尔也会在城市中出现。那么"鬼火"究竟是怎么回事呢？世界各地关于鬼火的传说非常多。中国对鬼火的传说也非常多。难道真的是"鬼火"吗？真的是死人的阴魂吗？当然不是，这是一种错想而已，现在对鬼火有不同类型的解释，但是都没有能够拿出有力的科学证据来阐述这一现象。

有一种说法是：人和动物身体中含有非常多的磷，尸体腐烂后会生成一种叫磷化氢的气体，这种气体会冒出地面，当遇到空气时就会自我燃烧起来，这种火非常小，发出的是一种青绿色的冷光，只有火焰，并没有热量。夏天的温度非常高，容易达到磷化氢气体的着火点而出现"鬼火"，那么"鬼火"还会追着人"走动"是怎么回事呢？因为在夜间没有风的时候，空气一般是静止不动的。由于磷火非常的轻盈，如果有风或者是人经过时就会带动空气流动，磷火也就会跟着空气一起飘动，甚至随着人的步子移动，当你较慢的时候它就会慢，你比较快的时候它就会快；当你停下来时，由于没有了任何的力量来带动空气，那么"鬼火"自然也就停下来了。

1669 年，当德国炼金术士勃兰德发现磷的存在后，就开始利用希腊文的"鬼火"来命名这种物质。在中国南宋时也已有人明白磷质和鬼火的关系了，例如南宋陆游《老学庵笔记·卷四》就提及"予年十馀岁时，见郊野间鬼火至多，麦苗稻穗之杪往往出火，色正青，俄复不见。盖是时去兵乱未久，所谓人血为磷者，信不妄也。今则绝不复见，见者辄以为怪矣。"而清代纪晓岚在《阅微草堂笔记》中更是直接写道："磷为鬼火。"有一些科学家认为是因为甲烷的存在才会引起"鬼火"。根据收集到的一些证据，鬼火是"冷火"，与存在甲烷的燃烧特点不同。此外，甲烷火焰呈现出淡蓝色，而鬼火则是呈现出淡黄色。这样就得出了一个结论：鬼火并不是燃烧的结果，而是化学的发光。在这种情况下，从化学反应中释放出来的能量不是热量，只是一种可见光而已。在自然界中动物和植物都可能存在这种现象。

按磷化氢气体的燃烧状态来说，任何气体的燃烧状态都应当是一种连续时间性供给的，而坟墓中的磷化氢气体是极少量的，化学分解也是阶段性的不连续状态，能不能保持连续的气体释放还没有得到科学的有利证实。磷化氢气体的燃烧只是一瞬间的问题，而形成不了的火焰燃烧的长时间状态，也就不存在火焰会移动的方式了。

另一种说法，空气中的等离子在电场或磁场的高压场强下而产生的光学效应形成的鬼火现象。但是，此类说法也并非科学性的解释，它与人们常见的鬼火意识形态有所不同，鬼火距离地面高度存在移动性，其形体类似火焰状态。等离子的光学效应不仅限于埋葬尸体的区域，其范围具有多面区域性和规模性。

| 拓展思考 |

1. 磷在生活中有哪些作用？
2. 磷和氧气结合会发生什么反应？

有趣的化学——元素的发明与利用

科学实验让元素问世

KEXUESHIYANRANGYUANSUWENSHI

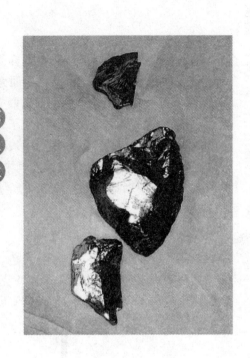

随着社会的不断进步，科技也有了明显的进步。科学家们通过科学实验从而发现了更多的元素，揭开了一些元素的未解之谜，让人类对元素有更近一步的了解。那些早已出现但是从未被认证的元素，那些遭受元素毒手而死亡的人……让我们揭开元素的面纱，走进元素的探索世界。

古埃及人和中国人最早制得氧

Gu Ai Ji Ren He Zhong Guo Ren Zui Zao Zhi De Yang

生活中我们需要氧气，但是你知道什么是氧气？氧气有哪些作用？氧元素名来源于希腊文，原意为"酸形成者"。1774年，英国科学家普里斯特利用透镜把太阳光聚焦在氧化汞上面，发现了一种能够强烈帮助燃烧的气体。拉瓦锡研究了此种气体，并且正确的解释了这种气体在燃烧中的作用。氧是地壳中最为丰富、分布最广泛的元素，在地壳的含量为48.6%。单质氧在大气中占23%。氧有三种稳定同位素：氧16、氧17和氧18，其中氧16的含量最高。

◎吸氧

氧气在一般条件下呈现无色、无臭和无味，密度1.429克/升，1.419克/立方厘米（液），1.426克/立方厘米（固），熔点－218.4℃，沸点－182.962℃，在－182.962℃时液化成淡蓝色液体，在－218.4℃

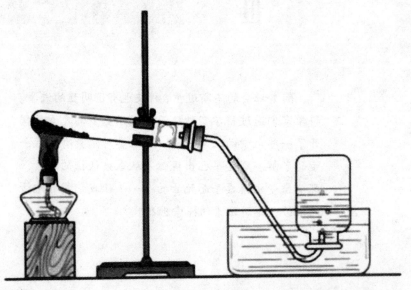

※氧

时凝固成雪状淡蓝色。固体化合价一般为 0 和-2。电离能为 13.618 电子伏特。除了惰性气体外的所有化学元素都能够同氧形成化合物。大多数元素在含氧的气氛中加热的时候可以生成氧化物。有许多元素可以形成一种以上的氧化物。氧分子在低温下可形成水合晶体 $O_2 \cdot H_2O$ 和 $O_2 \cdot H_2O_2$，但是后者相对比较不稳定。氧气在空气中的溶解度是 4.89 毫升/100 毫升水 (0℃)。氧是生命体的基础。氧在地壳中丰度占第一位。在干燥的空气中含有 20.946% 体积的氧；水有 88.81% 重量的氧组成。

◎物理性质

氧气是一种无色、无臭、无味的元素，并且有很强的助燃力。在常压 20℃时，能在乙醇 7 容或水 32 容中溶解。氧的单质形态有氧气 (O_2) 和臭氧 (O_3)。氧气在标准状况下是无色无味无臭，能够帮助燃烧的双原子的气体。液氧会呈现出淡蓝色，并且具有顺磁性。氧能够与氢化合成水。臭氧在标准状况下是一种有特殊臭味的蓝色气体。新的氧单质 O_4 是意大利的一位科学家合成的一种新型的氧分子，一个分子由四个氧原子构成，振荡会发生爆炸，产生氧气。O_4——振荡 $2O_2$，它的氧化性比 O_2 强得多。在大气中含量极少合成方法。意大利科学家使用普通氧分子与带正电的氧离子的作用，能够制造出 O_4。O_4 的能量密度比普通氧分子高，O_4 是一种比黄金还贵的气体，氧化性能非常强，可以与黄金产生反应。含 4 个氧原子的氧分子。这种氧分子可以非常稳定的存在，构型为正四面体或是矩形，从两种构型中性分子 O_4，正一价分子 O_4+和负一价分子 O_4-的基态电子结构，并且根据能量最低原则确定了各自的结构参数，从而得到了 O_4 分子两种结构的基态总能量、一价电离能及电子亲合势能与氧原子、普通氧分子 O_2 和臭氧分子 O_3 的计算结果比较，显示 O_4 分子可以以正方形结构或正四面体结构形式存在，其中正方形结构更有可能是 O_4 分子的真实空间结构。

◎化学性质

氧的非金属性能和电负性能仅次于氟，除了氦氖氩氪氙以外，所有元素都能与氧产生反应，这些反应称为氧化反应，而反应产生的化合物称为氧化物。一般而言，绝大多数非金属氧化物的水溶液会呈现酸性，而碱金属或者是碱土金属氧化物则呈碱性。此外，几乎所有的有机化合物，可在氧中剧烈燃烧并且能够生成二氧化碳与水的蒸气。氧的化合价一般为－2价和0价。而且氧在过氧化物中通常为－1价。在超氧化物中为－1/2，臭氧化物中氧为－1/3，超氧化物中氧的化合价只能说是超氧根离子，不能单独的看每个原子，因为电子是量子化的，不存在1/2个电子，自然化合价也就没有0.5的说法，臭氧化物也一样。而氧的正价很少出现，只有在和氟的化合物二氟化氧，二氟化二氧和六氟合铂酸二氧（O_2PTF_6）中显示＋2价和＋1价。实验证明，除黄金外的所有金属都能和氧发生反应生成金属氧化物。氧气不能和氯、溴、碘一起发生反应，但是臭氧却可以氧化它们。

◎用途

在生活中，氧被广泛的用于熔炼、精炼、焊接、切割和表面处理等冶金过程中。液体氧是一种制冷剂，也是一种高能燃料氧化剂。它和锯屑、煤粉的混合物叫做液氧炸药，是一种性能比较好的爆炸材料，氧与水蒸气相互混合，可以用来代替空气吹入煤气气化炉内，进而能够得到较高热值的煤气。液体氧也可以作火箭推进剂。氧气是用许多生物的基本成分。医疗上用氧气疗法，医治肺炎、煤气中毒等缺氧症状。石料和玻璃产品的开采、生产和创造均需要大量的氧，人类一旦缺氧就会马上死亡。

> ▶ 知 识 库
>
> 氧元素在自然界中有着非常重要的作用。氧元素占整个地壳质量的48.6%，是地壳中含量最多的元素，它在地壳中基本上是以氧化物的形式存在。每1千克的海水中溶解有2.8毫克的氧气，而海水中的氧元素差不多达到了88%。就整个地球而言，氧的质量分数为15.2%。不管是人、动物或是植物，其生物细胞中，氧元素占到了65%的质量。

◎中毒

我们的生活中也经常会出现氧气中毒的现象。"氧中毒"一般会发生在长期吸氧的病人中。尽管适当吸氧能够提高人体细胞新陈代谢的能力，可以增强人体的免疫力，但是如果长期吸收高浓度氧气就会发生肺泡表面活性物质减少，会引发肺泡内渗液，出现肺水肿、头昏、面色苍

有趣的化学——元素的发明与利用

白、心跳加快等诸多症状。更为严重的是，氧中毒不容易被觉察，往往在 2～3 天之后才会发生临床症状，此时再进行抢救往往容易贻误时间。一些家庭用氧者往往不注意吸入氧气的浓度和时间，认为氧浓度越高越好，吸氧的时间越长越好，这就大大增加了氧气中毒的危险可能。

| 拓展思考 |

1. 氧气为什么是化学中最活跃的元素？
2. 氧气是怎样来的呢？人类离开了氧气还能够生存吗？
3. 月球上有没有氧气呢？

铂是印第安人最早利用的

Bo Shi Yin Di An Ren Zui Zao Li Yong De

你对铂的认识有多少？铂是一种化学元素，俗称白金。它的化学符号是 Pt，它的原子序数是 78。在自然界中以自然矿的状态存在，分布非常分散。多用原铂矿富积、萃取而获得。分别于1735 年和1741 年由西班牙人乌罗阿和武德发现。

※ 铂

▶知识库

　　铂和众多金属相似。铂和它的同系金属——钌、铑、钯、锇、铱和金一样，几乎完全成单质状态存在于自然界。这些金属在地壳之中的含量和金比较相近，它们的化学惰性和金比较也不相上下，但是人们发现并使用它们却是远远的在金之后。它们在自然界中的分布非常分散。它们的熔点很高。曾经找到的最大天然金块重 214 千克，而最大的天然铂块是 9.6 千克。铂的熔点 1772℃，由于它的熔点非常的高，使得人们不容易利用它。

　　南美洲古代印第安人早已经利用铂和金的合金来制造成装饰品。这些古代的文物现在保存在美国宾夕法尼亚大学博物馆和丹麦哥本哈根国家博物馆中。当时他们可能把天然的铂金混合物放在火中烧成熔块，然后经加热和锤打制作成。南美洲也是铂的产地之一。

　　铂在铂系矿物中的含量比其他元素的含量大得多。在欧洲首先提到铂的是法国矿物学家斯卡里吉在 1557 年发表的描述之中。他讲到所有金属都能熔化，但是有一种矿里的一种金属却不能够进行熔化，这种金属就是铂。18 世纪中期，法国科学院派出一支考察队，到南美洲测量赤道子午线的弧，有一位西班牙青年海军军官乌罗阿参加了考察队，他回到欧洲后写了一本名为《关于南美洲旅行的历程报告》一书，1748

年在西班牙马德里出版。书中讲到南美洲哥伦比亚艾尔乔考地方的矿里有一种无用的金属矿石，叫做 platina，金矿中如果含有这种矿石，那么金矿就会失去价值。这里的 platina 正是指铂。

在金子之中掺杂有铂就会使金子变脆，因此当时人们认为金中杂有铂会使金子失去原有的价值。由于铂的比重比金大，因而一些商人在金子中掺入铂以提高黄金的重量。因此当时西班牙皇帝曾下令禁止开采铂，甚至下令把那些开采的铂投入大海。到 18 世纪中叶，南美洲的铂矿传到欧洲一些学者手中，他们对铂进行了研究。大约在 1741 年，英国医生布朗利格收到加勒比海牙买加岛上一位冶金学家伍德赠送的小量铂矿粒，进行了提炼研究；1750 年向伦敦皇家学会提交了报告，叙述了铂的一些性质。不少学者在研究了铂后，认为它不是一种纯金属，而是金、铁和汞的合金；也有人认为它是金和铁的合金；还有人认为它是一种半金属。1752 年，瑞典化学家谢斐尔肯定了它是一种独立的金属，并且称之为白金。

1789 年，拉瓦锡发表他制定的元素表，铂被列入其中。1782 年，奥地利驻法国大使西金根首先利用铂制成一种仪器，他的父亲最早利用氢氧吹管使铂进行熔化。19 世纪初，英国医生武拉斯顿发现海绵状的铂经过强力压榨可以锤打成为锭。这种铂锭经过加热之后就可以锤成薄片或者是拉成细丝，制成实验用仪器。19 世纪初期以前，世界上商业中的铂都来自南美洲。1819 年在俄罗斯乌拉尔发现了铂矿，从 1824 年起，大量铂从俄罗斯出口。1822 年俄罗斯出版的《矿业杂志》中叙述到："在淘洗乌拉尔金矿砂时，发现在砂金中掺杂有一种特殊金属，和金一样也成粒状，不过却是灿烂的白色。"在 1826 年～1845 年间，俄罗斯用铂铸造了 3、6 和 12 卢布的钱币。铂和金子、银子一样，都具有作为货币的特殊性能。

拓展思考

1. 我们所使用的钱币是不是铂制造成的？
2. 为什么铂金是一种天然矿石？

红砷镍矿中发现的镍

Hong Shen Nie Kuang Zhong Fa Xian De Nie

镍 是一种白色的金属，密度 8.9 克/厘米。熔点 1455℃，沸点 2730℃。化合价 2 和 3。电离能为 7.635 电子伏特。质地非常坚硬，具有磁性和良好的可塑性能。有好的耐腐蚀性，在空气中不容易被氧化，耐强碱。在稀酸的过程中可以缓慢的进行溶解，释放出氢气，从而产生绿色的正二价镍离子 $Ni2+$；对氧化剂溶液包括硝酸在内，都不会发生反应。镍是一个中等强度的还原剂。

镍在自然界中，主要以红镍矿（砷化镍）与辉砷镍矿（硫砷化镍的形式存在）。古巴是世界上最著名的蕴藏镍矿的国家，在多米尼加也有大量的镍矿。金属镍主要用于电镀的一些工业，镀镍的物品非常美观、

※ 镍

干净、不容易被锈蚀。非常细的镍粉，在化学工业上常常被用作催化剂。镍被大量的使用于制造合金。在钢中加入镍，可以大量提高机械的强度。如钢中含镍量从 2.94％增加到了 7.04％时，抗拉强度便由 52.2 千克／毫米增加到 72.8 千克／毫米。镍钢用来制造机器承受较大的压力、承受冲击和往复负荷部分的零件，如涡轮叶片、曲轴、连杆等。含镍 36％、含碳 0.3％～0.5％的镍钢，它的膨胀系数非常小，几乎不会出现热胀冷缩，可以用来制造多种精密机械、精确量规等。含镍 46％、含碳 0.15％的高镍钢叫"类铂"，因为它的膨胀系数与铂、玻璃相似，这种高镍钢可以熔焊到玻璃之中。

镍在用于灯泡生产上有非常重要的作用，可以作为铂丝的代用品。有一些精密的透镜框，也用这种类似的铂钢，透镜不会因为热胀冷缩而直接从框中掉下来。由 67.5％镍、16％铁、15％铬、1.5％锰组成的合金，具有很大的电阻，可以用来制造各种变阻器与电热器。钛镍合金具有"记忆"的本领，记忆力非常的强，经过相当长的时间，重复上千万次都会准确无误。它的"记忆"本领就是记住它之前原有的形状，所以人们通常称它为"形状记忆合金"。因为这种合金有一个特性转变温度，当在转变温度的时候，它具有一种组织结构，而在转变温度之下，它又有另一种组织结构。当然结构的不同，其性能也会有所不同。例如：一种钛镍记忆合金，当它在转变温度之上时，表面非常坚硬，强度也很大，但是在这个温度之下，它却是非常的软，并且容易冷加工。这样，当我们需要它记忆什么形状时，就把它做成那种形状，这就是它的"永久记忆"形状，在转变温度以下，由于它表现的非常软，我们便可以在相当大的程度内使其任意变形。而当需要它恢复到原来形状的时候，只要把它加热到转变温度以上就行了。镍具有磁性，能够被磁铁所吸引。用铝、钴与镍制成的合金，磁性会更加的强。这种合金受到电磁铁吸引的时候，不仅仅自己会被吸引过去，而且在它下面能吊起比它重 60 倍的东西。这样，可以用它来制造电磁起重机。镍的盐类一般都是绿色的，氢氧化镍是棕黑色或者绿色的，氧化镍则是灰黑色的。氧化镍常常用来制造铁镍碱性蓄电池。氢氧化镍常作为镍氢、镍镉电池的正极材料。二价镍离子常用丁二酮肟来鉴定，在氨性溶液之中，镍离子与丁二酮肟会生成鲜红色的沉淀。

◎服装服饰中的镍

1994 年，欧盟通过了 94/27/EC 的指令，该指示是用以管制镍在与皮肤有直接以及长期接触的产品上的使用量。镍一般会出现在合金之中，有些服装产品中也会用作金属的配饰，比如钮扣、拉链、铆钉、金属耳环、项链、戒指等等一些装饰品。有些人对镍会产生过敏性的反应，长期接触含镍的饰品，会对皮肤产生严重的刺激。镍的释放一直受到 EC 的限制。对长期接触皮肤的镀金或者是非镀金产品，其每周排放的数量不超过 $0.5ug/cm^2$。而穿环用的金属底部组件如耳环杆，其每周排放量不能超过 $0.2ug/cm^2$。

▶知识库

镍的机械强度和延展性非常的好，在空气中不容易氧化。镍是一种呈银白色的金属。熔点为 1726K，沸点为 3005K，密度为 8.902 克/立方厘米。

常温情况下，在潮湿的空气中，镍表面会形成一种致密的氧化膜，能够阻止本体金属进行继续氧化。盐酸、硫酸、有机酸和碱性溶液对镍的侵蚀也是非常慢。镍在稀硝酸缓慢溶解，强度的硝酸能够使镍表面钝化而且具有抗腐蚀性。镍同铂、钯一样，钝化时能吸大量的氢，粒度相对越小，吸收量就会越大。镍的重要盐类为硫酸镍和氯化镍。与铁、钴相似，在常温的情况下对水和空气都较稳定，能够抗碱性腐蚀，所以在实验室之中可以用镍坩埚熔融碱性物质。镍也可以溶于稀酸中，钴和镍与浓硝酸进行激烈的反应，而与稀硝酸的反应就比较慢。

◎发现

镍在地壳中的含量较高，仅次于铁。1751 年，瑞典人克郎斯塔特用红砷镍矿表面风化后的晶粒与木炭进行共热，从而制得镍。1952 年，有报告提出在动物的体内有镍存在，之后又有人提出镍是哺乳动物的必需微量元素。1975 年以后开展了镍的营养与代谢的研究。食物来源中含有镍丰富的食物，如巧克力、果仁、干豆和谷之类。代谢吸收膳食中的镍经肠道铁运转系统通过肠黏膜，吸收与运转过程不是非常清楚，镍的吸收率约 3%～10%，奶、咖啡、茶、橘子汁、维生素 C 等使吸收率下降。吸收的镍通过血清中主要配体白蛋白运送到全身。镍也与血清中的 L－组氨酸和 α－巨球蛋白相结合。吸收入血液的镍 60% 由尿液排出，汗液中镍的含量较高，胆汁也可以排出不少的镍。在某些环境之中同样存在羰基镍，它是一种无色透明的液体，沸点为 43℃，以蒸气的形式由呼吸系统吸入，皮肤也可少量吸收，羰基镍进入体内后约有 1/3 的含量在 6 小时后由呼气排出，其余的通过肺泡吸收，最后由尿排出。羰基镍吸入 24 小时体内仅留 17%，6 天内全部排出。

> ▶小链接 ···

·致敏性·

最常见的一种致敏性金属就是镍，大约有 20% 左右的人对镍离子非常过敏，女性患者的人数要比男性更高一些。当与人体接触的时候，镍离子可以通过毛孔和皮脂腺渗透到皮肤里面去，可能会引起皮肤过敏的炎症，最主要的表现形式为皮炎和湿疹。一旦出现致敏症状，镍过敏会无限期的持续。患者所受的压力、汗液、大气与皮肤的湿度和磨擦会加重镍过敏的症状。镍过敏性皮炎临床表现为搔痒、丘疹性或丘疹水疱性的皮炎，伴有苔藓化。

◎生理功能

在较高等动物与人的体内，镍的生化功能人们还没有了解。但是体外实验的话，动物实验和临床观察就提供了非常有价值的结果。

1. 体外实验显示了镍硫胺素焦磷酸、磷酸吡哆醛、卟啉、蛋白质和肽的亲和力，证明了镍与 RNA 和 DNA 结合。

2. 当体内的镍缺乏的时候，肝内 6 种脱氢敏就会减少，包括葡萄糖－6－磷酸脱氢酶、乳酸脱氢酶、异柠檬酸脱氢酶、苹果酸脱氢酶和谷氨酸脱氢酶。这些酶参与生成 NADH、无氧糖酵解、三羧循环和由氨基酸释放氮。而且当镍缺乏时显示肝细胞和线粒体结构会有明显的变化，特别是内网质不规则，线粒体氧化功能也会降低。

3. 贫血病人血镍含量会减少，而且对于铁的吸收也会减少，并且镍有刺激造血功能的作用，人和动物补充镍后红细胞、血红素及白细胞增加。由于膳食中每日摄入镍 $70 \sim 260 \mu g/d$，人的需要量是根据动物实验结果来推算的，可能需要量为 $25 \sim 35 \mu g/d$。如果过量就表现为每天摄入可溶性镍 250mg 会引发中毒的现象。有的人比较敏感，摄入 $600 \mu g$ 即可引起中毒。依据动物实验，慢性超量摄取或者是超量暴露的时候，就会导致心肌、脑、肺、肝和肾的退行性变。也有资料显示：如果每天喝含镍量非常高的水就会增加癌症的发病率，特别是已患癌症在放化疗期间应该必须杜绝与镍产品的直接接触。对于市场上经销的部分陶瓷制饮食器具，应该慎重选择使用。如果一个人在生活中使用一个含镍高的陶瓷用作饮水具，那么就会提高发病的几率。另外，也有一些非正规的厂家生产的性药品其中对于镍的成分也比较高。所以，对镍与人身健康应高度重视，镍缺乏症动物实验显示，如果身体之中一旦缺乏镍，就有可能会生长比较缓慢，影响生殖能力。

◎制法

①电解法。将富集的硫化物矿焙烧成氧化物，用炭还原成粗镍，然后经过电解之后得到纯金属的镍。

②羰基化法。将镍的硫化物矿与一氧化碳作用生成四羰基镍，进行加热后并分解，可以得到纯度非常高的金属镍。

③氢气还原法。用氢气还原氧化镍，可得金属镍。

◎镍业发展

中国镍供给由两部分组成，一部分是新产镍精矿供应，这部分占镍总供给量的72.9%；另一部分来自再生镍，占27.1%，随着经济建设和钢铁工业的快速发展，对于镍的需求量也在不断地增加。2006年，全国镍累计产量为111280.01吨，与2005年相比增长了22.07%；2007年，全国镍累计产量为115772.10吨，与2006年相比增长了8.51%；2008年，全国镍累计产量为112209.99吨，与2007年相比增长了8.99%。但是，中国镍行业在不断发展的同时，同样存在一些问题，比如镍矿之中多为低品味，露采比例非常小，可采储量仅占总储量的10%，开采和冶炼的技术相对较为落后；选矿一般采用弱酸或弱碱介质浮选工艺，选矿能力为430万吨/年；中国镍冶炼除几家大型企业以外，普遍采用火法的选锍熔炼技术，精炼镍主要采用硫化镍阳极隔膜电解和硫酸选择性浸出——电积工艺，与世界先进的水平距离非常大，因此中国开采和冶炼的成本居高不下，为了追上发展的步伐，我们要更加的努力，以改变原有的状况。

| 拓展思考 |

1. 镍元素是在什么情况下被发现的？
2. 镍元素在人类生活中有哪些用途？
3. 镍元素在空气中容易氧化吗？

空气和水中发现氮和氢

Kong Qi He Shui Zhong Fa Xian Dan He Qing

氮对于我们来说并不陌生，但是你知道氮元素的一些特殊性质吗？氮元素来源于希腊文，原意是"硝石"。1772 年，由瑞典药剂师舍勒发现，之后由法国科学家拉瓦锡最后确定是一种元素。氮在地壳中的含量为 0.0046％，自然界绝大部分的氮是以单质分子氮气的形式存在于大气中，氮气占空气体积的 78％。在氮中最重要的矿石就是硝酸盐。氮有两种天然的同位素：氮 14 和氮 15，其中氮 14 的丰度为 99.625％。苏格兰化学家丹尼尔·卢瑟福在 1772 年 9 月发表了一篇极有影响的论文《固定空气和浊气导论》，这篇文章中描述了氮气的一些特有的性质，这种气体不能维持动物的生命，既不能被石灰水吸收掉，也不能被碱所吸收掉，但是却有灭火的性质，所以他称这种气体为"浊气"或"毒气"。

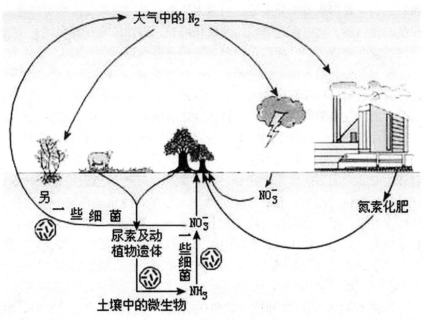

※ 氮

18世纪70年代，氮并没有被真正的发现和理解为是一种气体的化学元素。卢瑟福和普利斯特里、舍勒等人都一样，受到当时燃烧素说的影响，他并没有认识到"浊气"乃是空气之中的一个组成成分。浊气、被燃素饱和了的空气、窒息的空气、无效的空气等名称都没有被接受作为氮的最终名称。关于氮这个名称是1787年由拉瓦锡和其他法国科学家提出的，氮就是硝石的意思。其化学符号为N。在我国，清末化学启蒙者徐寿第一次把氮翻译为"淡气"，意思就是说，它"冲淡"了空气中的氧气。

◎氮的作用

氮的作用是不容忽视的，氮是植物生长的过程中必需的养分之一，它是每个活细胞的组成部分。所以植物在生长的过程中需要大量的氮。氮素是叶绿素的组成成分，叶绿素含有氮化合物。当绿色植物进行光合作用的时候，就可以使光能转变为化学能，把无机物（二氧化碳和水）转变为有机物（葡萄糖）就是借助叶绿素的作用。葡萄糖是植物体内合成各种有机物的原料，而叶绿素则是植物叶子制造"粮食"的工厂。氮也是植物体内维生素和能量系统的组成部分。所以植物体内的氮素对植物的生长发育影响就十分明显。当氮素比较充足的时候，植物可以合成较多的蛋白质，同时促进细胞的分裂和增长，因此植物叶面积增长快的时候，就会有更多的叶面积可以用来进行光合作用。

除此之外，氮素的丰缺与叶子中叶绿素含量也有非常密切的关系。这样我们就可以从叶面积的大小和叶色深浅上面来判断氮素营养的供应情况。如果在苗期间，一般植物缺氮往往表现为生长缓慢，植株比较矮小，叶片薄而且小，叶子颜色缺少绿色。在生长后期严重缺氮的时候，表现为穗比较短小，籽粒不饱满。在增施氮肥以后，对于促进植物生长健壮也有非常明显的作用。在经过施肥之后，叶色颜色很快就会转绿，并且生长量也会增加。但是氮肥用量不宜过多，过量施用氮素的时候，叶绿素数量会增多，能够使叶子更长久地保持绿色，以致延长生育期、贪青晚熟。对于一些块根、块茎的作物，氮素过于充足的时候，有时表现为叶子的生长量显著增加，但是一些有实用经济价值的块茎产量就会很少。

早在1771年~1772年间，瑞典化学家舍勒就根据自己的实验，发现空气是由两种彼此不同的成分组成的，即支持燃烧的"火空气"和不支持燃烧的"无效的空气"。1772 年，英国科学家卡文迪什也曾分离出氮气，并且他把它称为"窒息的空气"。在同一年，英国科学家普利斯特里通过实验也得到了一种既不支持燃烧，也并不能够维持生命的气体，他称它为"被燃素饱和了的空气"，当它吸足了燃素的时候，就会失去继续支持燃烧的正常能力。

◎氢

你知道氢是怎么被发现的吗？氢被意为"水的形成"，1766 年被发现。氢是宇宙间最丰富的一种元素。氢可以说完全不是以单质形态存在于地球上，太阳或其他的一些星球则是全部由天然纯氢所构成的。这种星球上发生的氢热核反应的热光普照四方，就会温暖整个宇宙。

关于氢的存在，早在 16 世纪就有人注意到了。但是，因为当时人们把接触到的各种气体都统一称作"空气"，所以氢气并没有引起人们太多的注意。一直到 1766 年，英国物理学家和化学家卡文迪什用六种相似的反应制出了氢气。这些反应包括锌、铁、锡分别与盐酸或者稀硫酸的反应。同年，他在一篇名为《人造空气的实验》的研究报告中，谈到此种气体与其他气体性质有所不同，但是由于他是燃素学说的虔诚信徒，他不认为这是一种新的气体，他认为这是金属中含有的燃素在金属溶于酸后然后才释放出来的，就形成了这种"可燃空气"。后来是杰出的化学家拉瓦锡在 1785 年首次明确地指出：水是氢和氧的化合物，氢是一种元素。

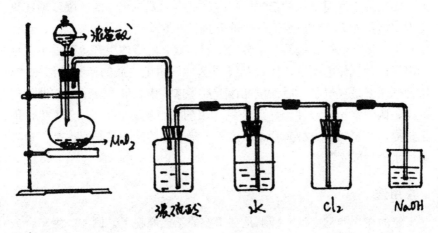

※ 氢

有趣的化学——元素的发明与利用

　　早在16世纪时，瑞士的一名医生就发现了氢气。他说："把铁屑投到硫酸里，就会产生大量气泡，像旋风一样腾空而起。"他还发现这种气体可以进行燃烧。然而他是一位著名的医生，平时的病人比较的多，并没有时间去做进一步的研究。

　　17世纪，又有一位医生发现了氢气。那时人们的智慧被一种虚假的理论所蒙蔽，认为不管是什么样气体都不能够以单独的形式所存在，既不能收集，也不能进行测量。这位医生认为氢气与空气没有什么不同，所以很快就放弃了研究。

　　最早把氢气收集起来并且进行认真研究的是英国的化学家卡文迪什。卡文迪什非常喜欢化学实验，在一次的实验中，他不小心把一个铁片掉进了盐酸中，当时他正在为自己的粗心而懊恼，但是奇怪的事情发生了，他发现盐酸溶液中有气泡的产生，这个情景一下子吸引了他的注意，刚才还非常懊恼的心情一下子就没有了。他在努力地思考：这种气泡是怎么来的呢？它原本是铁片中的呢，还是存在于盐酸中呢？他又做了几次实验，把一定量的锌和铁投到充足的盐酸和稀硫酸中（每次用的硫酸和盐酸的质量是不同的），发现所产生的气体量是固定不变的。这就说明这种新气体的产生与所用的酸并没有任何关系，并且与盐酸的浓度也没有任何的关系。

　　卡文迪什用排水法收集了新的气体，他发现这种气体并不能够帮助蜡烛燃烧，也不能够帮助动物呼吸，但是如果把它和空气混合在一起，遭遇火星的时候就会爆炸。卡文迪什是一位十分认真的化学家，他经过多次实验终于发现了这种新气体与空气混合后发生爆炸的极限。他在论文中写道：如果这种可燃性气体的含量在9.5%以下或65%以上，点火的时候虽然会燃烧，但是并不会发出震耳欲聋的爆炸声音。随后不久他测出了这种气体的比重，接着又发现这种气体燃烧后的产物竟然是水，这种气体就是氢气了。后来拉瓦锡听到了这件事，他重复了卡文迪什的实验，认为水不是一种元素而是氢和氧的化合物。于是在1787年，他正式提出"氢"是一种元素，因为氢燃烧之后的产物就是水，把它命名为"水的生成者"。

用途

　　氢的作用非常广泛，特别是在重要的工业原料上，例如，生产合成的氨和甲醇，也可以用来提炼石油。氢化有机物质作为收缩气体，用在氧氢焰熔接器和火箭燃料中。在温度非常高的情况下，用氢将金属氧化物还原，以制取金属，是比较方便的一种方法，产品的性质更容易控制，同时金属的纯度也高。广泛用于钨、钼、钴、铁等金属粉末和锗、硅的生产。由于氢气非常的轻，所以人们利用它来制作氢气球。当氢气与氧气结合的时候，会释放出大量的热，所以被广泛的利用进行切割的金属。

|拓展思考|

1. 什么是氮元素？氮元素在生活中有什么作用？

2. 氢元素是什么？氢气在工业中有什么作用？

3. 氮和氢是怎样被发现的？

三十年后才被认证的氯

San Shi Nian Hou Cai Bei Ren Zheng De Lü

氯 在自然界中是分布非常广泛的一种元素，在地壳中存在着各式各样的氯化物，在现代，一个较强的氧化剂就能够把污水处理干净。它从它的化合物中分离出来。18世纪末，科学家们发现氧、氮和氢等气体的同时，制成它的单质存在。但是由于一些荒谬的理论，妨碍了科学家们对它本质的认识，经过30多年之后，才

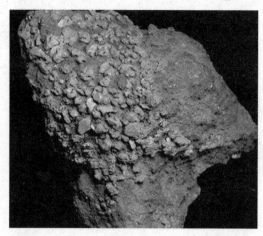

※ 氯

对氯进行了证实。氯，原子序数17，原子量35.4527，元素名来源于希腊文，原意是"黄绿色"。1774年，瑞典化学家舍勒通过盐酸与二氧化锰的反应制得氯元素，但是他错误地认为，氯中含有氧酸，还定名为"氧盐酸"。1810年，英国化学家戴维证明氧盐酸是一种新的元素，并且予以定名。氯在地壳中的含量为0.031％，自然界的氯大多以氯离子形式存在于化合物中，氯元素最大的来源就是海水。

氯元素相对其他元素比较活泼，湿的氯气比干的氯气还要活泼，并且具有强氧化的性能性。除了氟、氧、氮、碳和惰性气体之外，氯能与所有元素直接化合生成氯化物；氯还能够与许多化合物进行反应，例如与许多有机化合物进行取代反应或加成反应。而氯的产量也是工业能够发展的一个重要性的标志。氯主要用于化学工业尤其是有机合成工业上面，以生产塑料、合成橡胶、染料以及其他化学制品或中间体，还用于漂白剂、消毒剂、合成药物等等。氯气具有毒性，每升大气中含有2.5

毫克的氯气时，人类在几分钟之类就可能死亡。

◎等电子的氯

氯也是人体中必不可少的常量元素之一，是能够维持体液和电解质平衡中所必需的元素，也是胃液中的一种重要的成分。自然界中常以氯化物形式存在，最普通形式是食盐。氯在人体含量总量约为 82 克～100 克，占体重的 0.15％，广泛分布于全身。主要以氯离子形式与钠、钾化合存在。其中氯化钾主要在细胞内液，氯化钠主要存在于细胞外液之中。

知 识 库

·食物来源·

氯在食物中也有非常重要的作用。膳食氯几乎完全来源于氯化钠，少量来自与氯化钾。所以食盐及其加工的食品酱油、腌制肉或者是烟熏的食品、酱菜之类以及咸味食品等等都富含有氯化物。一般天然食品中氯的含量差异较大；天然水中也含有氯。

◎生理功能

1. 维持体液酸碱平衡。

2. 氯离子与钠离子是细胞外液中维持渗透压的主要离子，二者约占总离子数的 80％左右，调节与控制着细胞外液的容量和渗透压。

3. 参与血液 CO 二价离子运输。

4. 氯离子还参与胃液中胃酸形成，胃酸促进维生素 B12 和铁的吸收；激活唾液淀粉酶分解淀粉，能够促进食物的消化功能；刺激肝脏功能，促使肝中代谢的废物排出；氯还有稳定神经细胞膜电位的作用。

需要人群：大量出汗、出现腹泻呕吐、肾功能异常以及使用利尿剂、肺心病时会导致氯丢失、引起氯缺乏和血浆钠氯比例的改变。

生理需要：在中国目前比较缺乏氯的需要量的研究资料，并且难以制定出 EAR 和 RNI，根据氯化钠的分子组成，结合钠的 AI 值，中国提出居民膳食成人适宜摄入量为 3400mg/d。

过量表现：当人体摄入的氯过多的时候，会引起对机体的危害作用。出现严重失水、持续摄入高氯化钠或过多氯化铵；可见于输尿管－肠吻合术、肾功能衰竭、尿溶质负荷过多、尿崩症以及肠对氯的吸收增强等，以上均可引起氯过多而致高氯血症。除此之外，敏感个体也有可能会导致血压升高。

缺乏症：氯的缺乏经常会伴有钠缺乏，出现此种情况，造成低氯性代谢性碱中毒，有可能会引发肌肉收缩不良，或者是消化功能受到损伤，可能会影响正常发育状况。

知识链接

　　如果饮用含氯的水时，最好能够多吃一些酸奶酪或者是维生素 E，因为酸奶酪能够补充被氯杀死的肠内有益菌，而维生素 E 可以补充被氯破坏掉的某些部分。氯元素有两种天然同位素 35CL 和 37CL。氯元素的相对原子质量：氯原子中质子数与中子数都为整数，为什么氯元素的相对原子质量为 35.5 呢？在自然界中一种元素有多种原子，它们的质子数是相同的，中子数有所不同。这些元素互称为同位素。不管是在单质还是化合物中，同位素的原子总按一定丰度的共存。氯元素相对原子质量的计算方法是：各同位素的相对原子质量乘以各同位素原子的丰度之和，即：$34.969 \times 0.7577 + 36.966 \times 0.2423 = 35.453$。严格地讲，质子数与中子数相加，只能表示某一种原子的质量数。元素的相对原子质量是考虑到这种元素的原子种类，每一类原子在元素中的含量以及各原子的质量后，计算出的平均值。不管是哪一种元素，相对原子质量与其中的一种原子的质量数都会有所差异。

◎化学性质

　　氯气的化学性质相对比较活泼，它是一种活泼的非金属单质物品。氯原子的最外电子层有 7 个电子，在化学反应之中容易结合成一个电子，使最外电子层达到 8 个电子的稳定状态，所以氯气具有一定的强氧化性能。氯气的强氧化性表现为以下几个方面：

1. 作为消毒剂

　　氯气就像是一种廉价的消毒剂，一般的自来水还有游泳池就经常采用它来进行消毒。但是由于氯气的水溶性比较的差，并且毒性比较的大，容易产生有机氯化合物，所以经常使用二氧化氯来代替氯气作为水的消毒剂。

2. 漂白性

湿润的氯气可以用作纸浆和棉布的漂白，氯气的漂白性能不可还原且较为强烈，因此不宜作为丝绸漂白剂。但是干燥的氯气就不具备这个性能。

3. 与非金属反应

氯气可以与氢气反应生成氯化氢。如果氢气与氯气充分混合，在光照条件下就会发生爆炸现象；如果氢气在氯气中安静地燃烧，现象为苍白色火焰，同时会有一种白雾生成。

◎物理性质

氯单质是由 2 个氯原子构成的。气态氯单质俗称氯气，液态氯单质俗称液氯。在常温下，氯气是一种黄绿色、刺激性气味、有毒的气体。氯气可以溶于水和碱性溶液，容易溶于二硫化碳和四氯化碳等有机的溶剂中，饱和时 1 体积水溶解 2 体积氯气。氯气有毒，并且伴有剧烈窒息性臭味。电离能 12.967 电子伏特，具有强的氧化能力，能与有机物和无机物进行取代和加成反应；同许多金属和非金属能直接起反应。氯是卤族的一种普遍非金属一价和高价元素，其中最相熟的形式是重的、绿黄色、难闻的刺激性有毒气体。氯是一种化学性质非常活泼的元素。它几乎能够跟一切普通金属以及许多非金属进行直接化合。氯多储存在钢筒中，干燥的氯不能够与铁发生任何的反应。在常温和 6 个大气压之下，人们可以将氯液化为一种黄绿色的液体，叫做"液氯"。但是应当注意的是，氯具有较强的毒性。如果空气中含有万分之一的氯气，那么就会严重的影响人类的生命健康。所以一般认为，空气中游离氯气的最高含量也不得超过 1 毫克/立方米。氯气对人类的生产生活有很大的价值。

◎氯的发现

1771 年～1774 年，舍勒将软锰矿与浓盐酸进行混合，把它放置在曲颈瓶中进行加热，在接收器中获得一种黄绿色的气体。而该气体具有和加热的水一样的刺鼻气味，吸入后会使肺部难受。这使得舍勒制得了氯气，并且研究了它的一些性质。尽管舍勒很早就制得了氯气，但是却并没有完全认识它的一些性质，所以他没认为是找到了一种新的元素，而是把氯气当成了氧的化合物——"氧化的盐酸"。一直到 1810 年，英国化学家戴维因"电解氯气"失败，才确定为"氧化的盐酸"气是一种新的元素。

◎用途

氯可以用来制造漂白粉、漂白纸浆和布匹、合成盐酸、制造氯化物、饮水消毒、合成塑料和农药等等。并且提炼稀有金属等方面也是需要非常多的氯气。

拓展思考

1. 氯在生活中有哪些功效？
2. 最早发现氯的科学家是谁？
3. 氯和酸性物质会产生什么反应？

有趣的化学——元素的发明与利用

科学实验得到锰、钼、钨和钴

Ke Xue Shi Yan De Dao Meng Mu Wu He Gu

锰 是一种化学元素，1774 年被人们发现。瑞典人甘恩用软锰矿和木炭在坩埚中进行加热，发现一纽扣大的锰粒。锰是在地壳中广泛分布的元素之一。它的氧化物——软锰矿早为古代人们所认识并且懂得利用其特性。但是，一直到 18 世纪 70 年代以前，西方化学家们仍认为软锰矿是含锡、锌和钴等的矿物。到 18 世纪后半叶，瑞典化学家柏格曼研究了软锰矿，认为软锰矿是一种新金属氧化物。他曾经试图分离出这个金属，但是却始终没有成功。舍勒也同样没能从软锰矿中提取出金属，便求助于他的好友甘恩。1774 年，甘恩分离出了金属锰，并对其进行命名。

※ 锰

◎用途

锰主要用于冶金工业中制造特种钢；钢铁生产上用锰铁合金作为去硫剂和去氧剂。在实验室中，二氧化锰常用作催化剂使用（把二氧化锰加入双氧水中分解氧气，还有把二氧化锰混合氯酸钾一起加热）。在制造钢的过程中，如果在钢中加入 2.5％～3.5％的锰，那么所制得的低锰钢脆的像玻璃一样，一敲就会碎掉。然而，如果加入 13％以上的锰，制成高锰钢，它就变得既坚硬又富有韧性。高锰钢加热成为淡橙色的时候，变得十分的柔软，很容易进行各种加工。另外，它没有磁性，不会被磁铁所吸引。现在，人们大量用锰钢制造钢磨、滚珠轴承、推土机与掘土机的铲斗等经常受磨的构件，以及铁锰轨、桥梁等。由于用锰钢作为结构材料非常结实，并且比较节省钢材，平均每平方米的屋顶只用 45 千克锰钢。1973 年兴健的上海体育馆，就采用锰钢作为网架屋顶的结构材料。在军事方面，用高锰钢制造钢盔、坦克钢甲、穿甲弹的弹头等等。炼制锰钢是把含锰达 60％～70％的软锡矿和铁矿一起混合起来冶炼而成。

◎钼

钼是人体中以及动植物中不可缺少的一种微量元素。钼是一种银白色的金属，比较硬而且坚韧。在人体中各种组织都含有钼，成人体内总量为 9 毫克，肝、肾中含量最高。1782 年，瑞典的埃尔姆用亚麻子油调过的木炭和钼酸混合物进行密闭灼烧，从而得到了钼。其存在形式主要是辉钼矿。天然辉钼矿是一种软的黑色矿物，外型和石墨非常相似。18 世纪末以前，欧洲市场上两者都以 "molybdenite" 名称出售。1779 年，舍勒指出石墨与辉钼矿是两种完全不一样的物质。他发现硝酸对石墨并没有太大的影响，而与辉钼矿会产生反应，获得一种白垩状的白色粉末，将它与碱溶液共同煮沸，会结晶出一种盐。他认为这种白色粉末就是一种金属的氧化物，用木炭进行混合然后进行强热，并没有获得金属，但与硫共热后却得到原来的辉钼矿。

1782 年，瑞典一家矿场主埃尔摩从辉钼矿中分离出金属。它得到贝齐里乌斯等人的承认。钼－99 是钼的放射性同位素之一，他在医院里用于制备锝－99。锝－99 是一种放射性同位素，当病人服用之后可

※ 钼

能会对内脏器官造成一定的影响。用于该种用途的钼－99通常用氧化铝粉吸收后存储在相对较小的容器中。当钼－99衰变时生成锝－99，在需要的时候可以把锝－99从容器中取出来并且给病人使用。

基本介绍

钼的密度为10.2克/立方厘米，熔点为2610℃，沸点为5560℃。钼是一种过渡钼精粉的元素，比较容易改变其氧化的状态，在体内的氧化还原反应之中起着传递电子的作用。在氧化的形式之下，钼很可能是处于＋6价状态。虽然在电子转移期间它很可能先还原为＋5价状态，但是在还原后的酶中曾经发现过钼的其他氧化状态。钼是黄嘌呤氧化酶/脱氢酶、醛氧化酶和亚硫酸盐氧化酶的重要组成成分，从而确认为人体以及动植物中必须微量元素。

用途

钼的用途非常广泛，最主要用于钢铁工业，其中大部分是以工业氧化钼压块后直接用于炼钢或者是铸铁，极少部分熔炼成钼铁钼箔片后再用于炼钢。低合金钢中的钼中的所含量不大于1％，但是这方面的消费却占钼总消费量的 50％左右。在不锈钢中可以加入钼，能够改善钢的耐腐蚀性能。在铸铁之中可以加入钼，能够提高铁的强度和耐磨的性能。含钼 18％的镍基超合金具有熔点高、密度低和热胀系数小等特性，用于制造航空和航天的各种高温的部件。金属钼在电子管、晶体管和整流器等电子器件方面都可以得到广泛的使用。氧化钼和钼酸盐是化学和石油工业中最好的催化剂。二硫化钼是一种重要的润滑剂，经常用于航天和机械工业部门。钼是植物所必需的微量元素之一，在农业上面用作微量元素的化肥。纯钼丝用于高温的电炉和电火花加工还有线切割加工；钼片用来制造无线电器材和 X 射线器材；钼比较耐高温钼坩埚。

钼的烧蚀性能，主要用于火炮内膛、火箭喷口、电灯泡钨丝支架的制造。在合金钢中加钼可以提高弹性、抗腐蚀性能并且可以保持永久磁性等，在植物生长和发育的过程中，钼是所需 7 种微量营养元素中的一种，如果没有钼的话，植物就无法继续生存。动物和鱼类与植物一样，同样需要钼元素。钼在其他合金领域及化工领域的应用不断扩大。例如，二硫化钼润滑剂广泛用于各类机械的润滑，钼金属也逐步的应用于核电、新能源等等一些领域。由于钼非常重要，各国政府视其为战略性金属，钼在 20 世纪初被大量应用于制造武器装备，现代高、精、尖装备对材料的要求更高，就如同钼和钨、铬、钒的合金也是用于制造军舰、火箭、卫星的合金构件和零部件中。

▶ 知 识 库

·钼合金·

什么是钼合金呢？钼合金就是以钼为基体加入其他元素而构成的有色合金。主要合金元素有钛、锆、铪、钨及稀土元素。铪元素不仅仅对钼合金起到一定的固溶强化作用，保持合金的低温塑性，而且还能形成一种稳定的、弥散分布的碳化物相，从而提高合金的强度和再次结晶的温度。钼合金有良好的导热、导电性和低的膨胀系数，在高温下（1100℃～1650℃）有高的强度，相比钨更容易加工。可用作电子管的栅极和阳极，电光源的支撑材料，以及用于制作压铸和挤压模具，一些航天器材的零件等等。由于钼合金有低温脆性和焊接脆性，而且高温容易对其进行氧化，所以钼合金发展受到一定的限制。工业生产的钼合金有钼钛锆系、钼钨系和钼稀土系合金，应用比较广泛的应该是钼钛锆系钼合金的主要强化途径是固溶强化、沉淀强化和加工硬化。通过塑性加工可制得钼合金板材、带材、箔材、管材、棒材、线材和型材，能够提高一定的强度和改善低温的塑造性。

◎钨

你对家中的灯泡进行过研究吗？家中的灯泡用的就是钨丝。钨是一种金属元素。原子序数 74，原子量 183.85。呈现钢灰色或者是银白色，硬度和熔点都比较高，在常温条件下不会受到空气的侵蚀；主要用于制造灯丝和高速切削合金钢、超硬模具，也用于光学仪器、化学仪器之类。中国是世界上最大的钨量储存国。

钨属于一种有色金属，同时也是重要的战略金属，钨矿在古时候被称为"重石"。1781 年由瑞典化学家卡尔·威廉·舍勒发现白钨矿，并且提取出一种新的元素酸—钨酸，1783 年被西班牙人德普尔亚发现黑钨矿并且也从中提取出钨酸。同年，用碳还原三氧化钨从而第一次得到了钨粉，并且对其命名。钨在地壳中的含量为 0.001%。目前已经发现的含钨矿物有 20 种。钨矿床一般都伴随着花岗质岩浆的活动。经过冶炼后的钨是银白色有光泽的金属物质，熔点非常高，硬度也比较大。钨是熔点最高的元素。

※ 钨

化学性质

钨是一种稀有的高熔点金属，是一种银白色的金属物质，外形像钢一样。钨的熔点高，蒸气压很低，所以蒸发的速度较慢。钨的化学性质很稳定，在常温下不跟空气和水发生反应，在不加热的时候，任何浓度的盐酸、硫酸、硝酸、氢氟酸以及水对钨都不会起到任何作用。当温度升至 $80°\sim100℃$ 的时候，上述各种酸中，除氢氟酸外，其他的酸对钨会发生微弱的作用。在常温情况下，钨可以迅速溶解于氢氟酸和浓硝酸的混合酸中，但是在碱溶液中并不起任何作用。有空气存在的条件下，熔融碱可以把钨氧化成钨酸盐，在有氧化剂存在的情况下，会生成钨酸盐。在高温下能够与氯、溴、碘、碳、氮、硫等化合，但是却不能与氢化合。

种类

钨矿的类型有十几种，在我国主要有两种：黑钨矿（钨锰铁矿）和白钨矿（钨酸钙矿）。

1. 黑钨矿（FeMn）WO_4。颜色呈现暗灰色、淡红褐、淡褐黑、发褐及铁褐等颜色。半金属光泽、金属光泽以及树脂光泽。通常为叶片状、弯曲钨锑矿山、片状、粒状和致密状；也有的是厚板状、尖柱状等单斜晶系晶体，经常与白色石英一起以脉络的形式充填在花岗岩以及附近的岩石裂缝中。黑钨矿是炼钨和制造钨酸盐类的最主要原料。

2. 白钨矿的颜色为灰白色，有的时候也会有黄褐、绿和淡红色等。油脂比较光泽。属于正方晶系，形成双锥状的假八面体或者是板状晶体，在晶面有时也可以看到斜条纹，其中插生双晶者较为常见。也有的晶体呈皮壳状、肾状、粒状和致密块状。受荧光灯照射的时候，白钨矿可以发出一种美丽的浅蓝色荧光。白钨矿产于我国江西大余、湖南汝城、安化、临武、云南文山等地。

以上钨矿物可用重选（摇床、跳汰等）、浮选、溜槽、淘重砂法等方法得到黑钨精矿或白钨精矿。

目前世界上开采出来的钨矿，80％都用于优质钢的冶炼，15％用于生产硬质钢，5％用于其他的用途。钨也可以制造出枪械、火箭推进器的喷嘴、切削金属之类，是一种用途非常广泛的金属。在 18 世纪 50 年代，化学家曾经发现钨对钢性质的影响。然而，钨钢开始生产和广泛应用是在 19 世纪末和 20 世纪初。1900 年，在巴黎世界博览会上，首次展出了高速钢。所以，钨的提取工业就此得到了迅速的发展。这种钢的出现标志了金属切割加工领域的重大技术进步。钨成为一种重要的合金元素。1900 年，俄国发明家建议在照明灯泡中开始应用钨。1909 年制定了基于粉末冶金法，在采用压力加工的工艺方法之后，钨才在电真空技术中得到广泛的应用。1927 年～1928 年采用以碳化钨为主成分研制出硬质合金，这是钨的工业发展史中一个重要阶段。这些合金各方面的性质都超过了最好的工具钢，在现在工业发展阶段，这种技术得到了广泛的使用。

◎钴

钴是一种化学元素，符号为 Co，原子序数 27，属于过渡金属，具有一定的磁性。钴被认为是"坏精灵"，因为钴矿之中含有毒素，矿工、冶炼者们常常在工作的时候染上病菌，钴还会污染其他金属。钴矿主要为砷化物、氧化物和硫化物。除此之外，放射性的钴可以进行癌症方面的治疗。古代希腊人和罗马人曾经利用钴的化合物来制造一种有色的玻璃，并且可以生成一种美丽的深蓝色。在我国唐朝彩色瓷器上的蓝色就是由于有钴的化合物存在。这些都说明了在古时候，劳动人民已经懂得怎样利用钴的化合物了。

含钴的蓝色矿石辉钴矿，中世纪在欧洲被称为 kobalt，最早出现在16 世纪德国矿物学家阿格里科拉的著作之中。钴被人们称为"妖魔"，这可能是由于当时人们认为这种矿石是没有用处的，而且由于其中含有砷，会伤害采矿工人的身体健康。

1742 年，瑞典化学教授布兰特将辉钴矿进行焙烧，除去砷之外，获得了一种黑色粉末，然后将这种粉末与炭粉混合在一起后放置在铁匠的锻铁炉中进行强烈性加热，从而获得了灰色稍带玫瑰色的一种金属，当认识到它在还原过程中因为温度不同而成片状、颗粒状、纤维状，它与铁一样具有磁性，与铋有所不同，铋的硝酸溶液加入过量水之后就会生成一种白色的沉淀，而钴的硝酸溶液不会出现这一现象。布兰特研究证明玻璃的蓝色不是由于铁、砷等存在，只是由于钴的存在。他把钴和汞、锑、铋、砷、锌同列为半金属。

有些人认为在钴中含有一定的铁元素，它是铁和砷的共同混合物。1780 年，柏格曼就制得纯钴，并且与其他化学家们证明一种用铋矿制得的显隐墨水不是由于铋的存在，而是因为钴的存在。显隐墨水是 17 世纪～18 世纪在欧洲出现的，这种墨水写在纸上呈现出一种无色或者是某一种颜色，在经过热、光或者是药品的作用就会显现出字迹转变成另一种颜色。有一种用铋矿制得的桃红色显隐墨水，当书写在纸上面的时候看不到，但是在经过加热之后会变成一种蓝色，在潮湿空气中蓝色会逐渐的隐褪。

| 拓展思考 |

1. 锰、钼、钨和钴是怎样被发现的？
2. 锰、钼、钨和钴分别和酸性物质结合会产生什么反应？
3. 锰、钼、钨和钴哪个元素的熔点比较高？

有趣的化学——元素的发明与利用

经

过分析得出元素

第三章

JINGGUOFENXIDECHUYUANSU

　　元素并不是人类在生活中所找到的，也并不全是在试验中发现的，有很多的元素是来自实验后的分析，经过逐步的验证，从而证实元素的存在，从而有效的利用这些元素。现在你很想知道这些元素吧？让我们一起开始对这些元素进行解析吧！

地球元素碲和月亮元素硒

Di Qiu Yuan Su Di He Yue Liang Yuan Su Xi

碲 源自 tellus 意思是"土地"，1782 年被米勒发现。除了兼具金属和非金属的特性之外，碲还有一些不平常的地方就是：它在周期表的位置形成"颠倒是非"的现象——碲比碘的原子序数低些，但是却有非常大的原子量。如果当人体吸入它的蒸气，就会从嘴里呼出一股难闻的蒜味。

◎发现

1782 年，德国矿物学家米勒·冯·赖因为研究德国金矿石，从一种呈白色而且略带蓝色的金矿中提出白色金属样的物质。1798 年，德国人克拉普罗特证实了此种物质的发现，并且测定了这一物质的特性。碲在自然界中是一种同金在一起的合金。1782 年，奥地利首都维也纳一家矿场监督牟勒从这种矿石之中提取出这种碲，最初的时候被误认为是锑，但是后来发现它的性质与锑有所不同，所以确定是一种新的金属元素。为了获得其他人的证实，牟勒曾将少许样品寄交瑞典化学家柏格曼，请他进行鉴定。由于样品数量比较少，柏格曼也只能证明它不是锑而已。牟勒的发现被忽略了 16 年之后，1798 年 1 月 25 日，克拉普罗特在柏林科学院宣读一篇关于特兰西瓦尼亚的金矿论文的时候，才重新将这种被人们遗忘的元素再次提了出来。他将这种矿石溶解在水中，用过量碱使溶液部分开始沉淀，以便除去金和铁等物质，在沉淀中发现了这一新元素，并且命名为碲，元素符号定为 Te。

◎描述

碲有结晶形和无定形两种同素异形体。电离能 9.009 电子伏特。结晶碲具有银白色的金属外观，密度 6.25 克/立方厘米，熔点 452℃，沸点 1390℃，硬度是 2.5。不溶于同它不发生反应的所有溶剂，在室温的情况下，它的分子量至今仍然不太清楚。无定形碲，密度 6.00 克/立方厘米，熔点 449.5±0.3℃，沸点 989.8±3.8℃。碲在空气中燃烧会带有一种蓝色的火焰，从而生成二氧化碲；也可以与卤素发生反应，但是不与硫、硒反应。溶于硫酸、硝酸、氢氧化钾和氰化钾溶液。导电和传热的性能比较好。

知识库

·用 途·

碲的用途非常广泛，碲的消费量 80% 是在冶金工业中应用：钢和铜合金会加入少量的碲，能够改善其切削加工性能并且能够增加硬度；在白口铸铁中碲被用作碳化物稳定剂，使表面看起来坚固耐磨；含少量碲的铅，可以提高材料的耐蚀性、耐磨性和强度，用作海底电缆的护套；铅中加入碲能增加铅的硬度，用来制作电池极板和印刷铅字。碲可用作石油裂解催化剂的添加剂以及制取乙二醇的催化剂。氧化碲用作玻璃的着色剂。高纯碲可作温差电材料的合金组分。碲化铋是最好的制冷材料。碲和若干碲化物是半导体材料。超纯碲单晶是新型的红外材料。添加到钢材中可以增加延长性；还可以作为电镀液中的光亮剂、石油裂化的催化剂、玻璃着色材料，以及添加到铅中增加它的强度和耐蚀性。碲和它的化合物又是一种半导体材料。

◎硒

硒是一种化学元素，化学符号是 Se，是一种非金属。硒可以用作一种光敏性材料、电解锰行业的催化剂；是动物体内的一种必需元素和植物中的有益营养元素。1817 年，瑞典的贝采利乌斯从硫酸厂的铅室底部的红色粉状物物质中制得硒，并且他还发现了硒的同素异形体。他

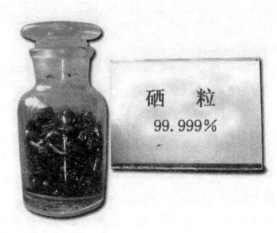

※ 硒

对其做实验还原了硒的氧化物，从中得到了橙色无定形的硒。缓慢冷却熔融的硒，得到了灰色晶体的硒；在空气中让硒化物进行自然分解，从中可以得到一种黑色的晶体硒。

元素描述

硒被国内外医药界和营养学界称为"生命的火种",并且有"长寿元素""抗癌之王""心脏守护神""天然解毒剂"等美誉。硒在人体组织内含量成分为千万分之一,但是它却可以决定生命的存在性,并且对人类健康的巨大作用是其他物质无法替代的。当身体内缺硒时,会直接导致人体免疫能力的下降。经过长期的实验证明,威胁人类健康和生命的四十多种疾病都与人体中缺硒有关联,比如癌症、心血管病、肝病、白内障、胰脏疾病、糖尿病、生殖系统疾病等等,所以说人体中的硒元素非常重要。

根据专家进行考证,人的生命需要终生的补硒。无论是动物实验还是临床实践,都说明了应该从饮食生活中来获得生命中所需要的硒,不能及时补充,就会降低祛病能力。人应该像每天必须摄取淀粉、蛋白质和维生素一样,每天必须摄入足够量的硒。所以,补硒已经成为人类生活中追寻健康的一种潮流,并且也是势在必行的健康使命。据地质学家考证:中国72%的地区属于缺硒地区,粮食等天然食物硒含量较低;华北、东北、西北等大中城市都属于缺硒地区,中国22个省市的广大地区,大约7亿人生活在缺硒地区。科学家测定,有些疾病,特别是肿瘤、高血压、内分泌代谢病、糖尿病、老年性便秘都与缺硒有关,我们应该重视身体中的硒元素。

中国著名营养学家于若木指出:"缺硒关系着亿万人民的健康,为了我们的身体健康,我们应该像补碘那样抓好补硒的工作,特别是中老年的补硒工作,当务之急要做好两件大事:一是各种舆论媒体应当向居民大量的普及宣传有关硒与人体健康方面的知识,使居民能够提高如何对硒进行防护的认识;二是着手开发与生产高硒产品,加大力度推广富硒产品"。在已知的六种固体同素异形体中,三种晶体是最重要的。也以三种非晶态固体形式存在;红色和黑色的两种无定形玻璃状的硒。前者性脆,密度4.26克/立方厘米;后者密度4.28克/立方厘米。第一电离能为9.752电子伏特。硒在空气中经过燃烧后会发出蓝色的火焰,生成二氧化硒。并且能够直接与各种金属和非金属进行反应,包括氢和卤素。不能与非氧化性的酸作用,但是它溶于浓硫酸、硝酸和强碱中。溶于水的硒化氢能使许多重金属离子沉淀成为微粒的硒化物。

·硒的光敏材料·

干印术的光复含硒太阳能电池是一种利用无定形硒的薄漠对于光的敏感性，能够使含有铁化合物的有色玻璃逐渐退色。也用作油漆、搪瓷、玻璃和墨水中的颜色、塑料。还用于制作光电池、整流器、光学仪器、光度计等。硒在电子工业中可以用作光电管、太阳能电池，在电视和无线电传真等方面也使用了硒。硒能够使玻璃着色或者是脱色，高质量的信号用透镜玻璃中含 2% 硒，含硒的平板玻璃用作太阳能的热传输板和激光器窗口红外过滤器。

硒的催化剂

在冶金方面，电解锰行业的硒用量占中国市场硒产量相对比较多，除此之外，含硒的碳素钢、不锈钢和铜合金具有非常好的加工性能，用于高速的切削，加工的零件表面光洁；硒与其他元素组成的合金也可以用以制造低压整流器、光电池、热电的材料。硒以化合物形式用作有机合成氧化剂、催化剂，可以在石油工业上应用。如果在硒中加入橡胶，可以增强其耐磨性能。

硒的营养元素

硒是动物和人体中一些抗氧化酶和硒－P 蛋白的重要组成部分，在身体内起着平衡氧化还原氛围的作用，经过研究证明具有提高动物免疫力的作用。国际上硒对于免疫力影响和癌症预防的研究是该领域的一项热点问题。所以，硒可以作为动物饲料微量的添加剂，也是植物肥料中的一种添加微量元素肥，能够提高农副产品含硒量。硒已被作为人体必需的微量元素，目前中国营养学会推荐的成人摄入量为每日 50～250 微克，而中国 2/3 地区硒摄入量低于最低推荐值，所以中国既是一个拥有丰富晒资源的地区，也是存在大面积缺乏晒元素的地区。

根据统计，在全世界 42 个国家和地区缺硒的情况，中国有 72% 的地区处于缺硒和低硒生态环境之中。由于比较独特的地质地理环境，使得位于秦巴山深处的安康，成为世界上面积最大、富硒地层最厚、最宜开发利用的富硒区，属于中国罕见的富硒区。在这一纬度带上的区域被称为中国硒谷。在这一地带生长的植物，都含有充足的硒元素，并且可以满足人们对硒的需求量。据地质学家考证：中国华北、东北、西北等大中城市都属于缺硒地区。科学家测定：有些疾病，特别是肿瘤、高血压、内分泌代谢病、糖尿病、老年性便秘都与体内缺乏硒元素有一定的关系，所以我们的当务之急就是抓好补硒，确保我们的身体健康。

| 拓展思考 |

1. 碲是什么颜色？在什么样的情况下发现碲？
2. 硒是一种什么元素？
3. 硒对于人体有帮助吗？

铀和钍的逐一浮现

You He Tu De Zhu Yi Fu Xian

◎铀

　　铀是在自然界中找到的最重的元素。铀原子序数为 92，元素符号是 U，是自在自然界中存在三种同位素，并且带有放射性，拥有非常长的半衰期（数亿年～数十亿年）。除此之外，还有 12 种人工同位素。铀是 1789 年由马丁·海因里希·克拉普罗特发现。铀化合物最早用

※ 铀

于瓷器的颜色方面，在核裂变现象被发现之后就被用作为核燃料。铀通常被人们认为是一种非常稀有的金属，尽管铀在地壳中的含量比较高，比汞、铋、银要多得多，但是由于提取铀的难度比较大，所以它比汞这些元素发现晚得多。尽管铀在地壳中分布广泛，但是只有沥青铀矿和钾钒铀矿两种常见的矿床。地壳中铀的平均含量约为百万分之三，即平均每吨地壳物质中大约含有 2.5 克的铀，这比钨、汞、金、银等元素的含量都要高。铀在各种岩石中的含量并不是很均匀。例如在花岗岩中的含量就高一些，平均每吨含 3.5 克铀。在地壳的第一层内含铀近 1.3×10^{14} 吨。依此进行推算，1 立方千米的花岗岩会含有约 1 万吨的铀。海水中铀的浓度也非常低，每吨海水平均只含 3.3 毫克铀，但是由于海水总量极大，并且从水中能够提取有其方便之处，所以目前不少国家，特别是那些缺少铀矿资源的国家，正在探索海水提铀的方法。由于铀的化

学性质相对比较活泼，所以在自然界中不存在游离的金属铀，它总是以化合状态存在着。已知的铀矿物有 170 多种，但是具有工业开采价值的铀矿只有二三十种，其中最重要的有沥青铀矿、品质铀矿、铀石和铀黑等。很多铀矿物都呈现出黄色、绿色或者黄绿色。有些铀矿物在紫外线下能够发出强烈的荧光。正是铀矿物这种发荧光的特性，才导致了放射性现象的发现。虽然铀元素的分布相当广泛，但是铀矿床的分布却很有限。铀资源主要分布在美国、加拿大、南非、西南非、澳大利亚等国家和地区。据估计，已探明的工业储量到 1972 年已超过 100 万吨。中国的铀矿资源也非常丰富。铀及其一系列衰变子体的放射性是存在铀的最好标志。虽然人的肉眼看不见放射性，但是借助于专门的仪器却可以方便地把它探测出来。因此，铀矿资源的普查和勘探几乎都利用了铀具有放射性这一特点，可发现某个地区岩石、土壤、水、甚至植物硅钾铀矿。

◎钍

钍的密度为 11.72 克/立方厘米，熔点约为 1750℃，沸点约 4790℃。在 1400℃以下原子排列成面心立方晶体；当热度达到这种温度时，就可以改变为体心立方晶体。钍是银白色的金属，如果把它长期暴露在大气中的话就会渐变为灰色。钍质地比较软，可以锻造。它不溶于稀酸和氢氟酸，但溶于盐酸、硫酸和水中。在高温情况下可以与卤素、硫、氮反应。钍为放射性元素，半衰期约为 1.4×10^{10} 年。在化学性质上与锆、铪十分相似。

由来和发现

1815 年，贝齐里乌斯从事分析瑞典法龙地方出产的一种矿石，并且从中发现了一种新金属氧化物和锆的氧化物十分相似。于是他用古代北欧雷神 Thor 命名这一新金属为钍，给出它的拉丁名称 thorium 和元素符号 Th。由于贝齐里乌斯是当时化学界中的权威，所以化学家们都对他的发现表示肯定。可是，贝齐里乌斯在 10 年后发表文章说，那个称为 thorine 的新金属并不是全新的，含它的矿石只是钇的磷酸盐。于是他自己撤销了对钍的发现。直到 1828 年，贝齐里乌斯分析了另一种矿石，是由挪威南部勒峰岛上所产的黑色花岗石中找到的，才发现其中有一种当时未知的元素，仍用 thorine 命名它。现在明确，这种矿石的主要成分是一种硅酸钍。因此，钍是先被命名之后才经过实验被人们发现的。钍元素以化合物的形式存在于矿物内，比如独居石和钍石中，通常与稀土金属联系在一起，主要作为质量数为 232 的同位素。钍在元素周期表中属于锕系，列入稀土元素族中。钍的氧化物和其他稀土元素的氧化物并不一样，很难进行还原，虽然贝齐里乌斯曾经利用金属钾和氟化钍钾作用，获得不纯的金属钍。但是只要用电解的方法就可以获得比较纯正的钍。

▶ 知 识 库

·新型核燃料·

2007 年 11 月 19 日，新华社据法国《世界报》报道，目前出现了一种新型的核燃料，并且印度正指望以钍为新型核燃料使用钍燃料的新型车。据报道，印度在不久之后就将建造出一座以钍为燃料的原型重水反应堆，为民用核能开辟出一条崭新的道路。商业使命的这种反应堆将于 2020 年投入并且开始使用。印度是世界上考虑以钍替代传统核燃料铀和钚的少数的几个国家之一。当然，以钍为核燃料的优点也非常多。以钍产生的放射性废料比铀少 50%，而且可使用的储量则要高得多。譬如，印度钍蕴藏量约为 29 万吨，占全球钍资源蕴藏量的 1/4，而铀蕴藏量仅为 7 万吨。此外，按照目前的消费速度来看，全球已经探明铀资源将在 50 年至 70 年内消耗尽（除非采用增殖反应堆）。报道指出，印度想要满足国内不断增长的能源需求，就只有把矛头转向钍。印度打算在 2050 年将核能在电力生产中所占比重提高到 25%，而目前这一比例仅为 37%。但是印度目前缺少铀资源。因此，钍很可能就成为印度能源独立的新型燃料。印度导弹之父、前总统阿卜杜勒·卡拉姆证实："印度的想法是要靠钍反应堆走向独立自主。"据报道，印度珀珀尔原子研究中心一位负责人说："到 2020 年，印度将是世界上唯一用钍大规模生产核能的国家。"美国熔岩星资源公司也相信钍大有发展前途。该公司在美国收购了一家钍矿，希望在未来的市场上能够出现钍矿市场的巨头。

硝酸钍

你对硝酸盐了解吗？钍的硝酸盐化学式 $Th(NO_3)_4 \cdot 4H_2O$。是一种无色的晶体，在工业品中为白色；约含有二氧化钍 48～50%；极其容易溶于水和乙醇中，微溶于丙酮和乙醚，溶液会呈现出酸性反应。相对密度 2.80，是一种有毒的物质，半数致死量 84 毫克/千克，有很强的氧化性能。与有机物摩擦或者撞击能够引起燃烧、爆炸的现象。无水物在 500℃可以分解为二氧化钍。硝酸钍可由硫酸法或者是烧碱法进行分解独居石制得。大量用于制作汽灯纱罩、测定氟，也可以用于制二氧化钍和金属钍，还经常用于化学合成、电真空、耐火材料等方面。

| 拓展思考 |

1. 铀是如何发现的？铀的作用是什么？
2. 铀和什么元素放在一起会产生反应？
3. 钍和酸性的元素放在一起会如何？

钛、钽、铌和钒

Tai、Tan、Ni、He Fan

钛在自然界中是一种金属元素，灰色，原子序数为22，相对原子质量47.87。能够在氮气中燃烧，并且熔点比较高。在当今的社会中，钝钛和以钛为主的合金是一种新型的结构材料，在航天业和航海工业上用途比较广泛。

※ 钛

▶ 知识链接

　　钛元素从人类发现钛元素到经过实验制得纯正的钛，经历了一百多年的时间。并且钛真正得到利用，认识自己本来的真面目，是在20世纪40年代以后的事情了。在地球的表面10千米厚的地层中，钛含量高达6‰，相比铜多61倍，在地壳之中钛的含量排第十位（地壳中元素排行：氧、硅、铝、铁、钙、钠、钾、镁、氢、钛）。随便从地下抓起一把泥土，其中都含有千分之几的钛，所以在世界上储量超过一千万吨的钛矿并不觉得非常稀奇。海滩上有成亿吨的砂石，钛和锆这两种比砂石重的矿物，就混杂在砂石之中，经过海水千百万年昼夜不停地淘洗，就把比较重的钛铁矿和锆英砂矿冲在了一起，在漫长的海岸边上，就形成了一片一片的钛矿层和锆矿层。但是这种矿层是一种黑色的沙子，并且通常几厘米到几十厘米的厚度。

　　钛是一种没有磁性的元素，用钛来建造的核潜艇不同担心磁性水雷的攻击力。1947年，人们才开始在工厂里冶炼钛。在那一年，产量只有2吨，到1955年产量激增到2万吨。1972年，年产量就达到了20万吨。钛的硬度和钢的硬度不相上下，而且它的重量几乎只有同体积的钢铁的一半，钛虽然稍微比铝重一些，但是它的硬度却比铝的硬度要大2倍。

在宇宙火箭和导弹中，就使用大量的钛来代替钢铁。根据统计，目前在世界上每年用于宇宙航行的钛，已经高达 1000 吨以上。极细的钛粉，更是火箭最得力的燃料，所以钛被誉为宇宙金属，空间必不可少的金属。钛的耐热性能比较好，熔点高达 1668℃。在常温的条件下，钛可以安然无恙地躺在各种强酸强碱的溶液之中。就连最凶猛的酸——王水，也不能够腐蚀它。并且钛不怕海水，有人曾经把一块钛沉到海底，经过五年之后取上来一看，上面还粘了许多小动物与海底的植物，并且没有出现一些生锈的迹象，依然闪闪发光。

钛元素发现与于 1789 年。1908 年，挪威和美国就开始用硫酸法生产钛白，在 1910 年试验室中第一次用钠法来制得海绵钛。1948 年，美国杜邦公司才用镁法生成海绵钛，这种现象标志着海绵钛是钛工业化生产的逐渐开始。中国钛工业起步于 20 世纪 50 年代。1954 年，北京有色金属研究总院开始进行海绵钛制备工艺研究。1956 年，国家把钛当作战略金属列入了 12 年发展规划，1958 年在抚顺铝厂实现了海绵钛工业试验，成立了中国第一个海绵钛生产车间，同时在沈阳有色金属加工厂成立了中国第一个钛加工材生产试验车间。到 20 世纪 60～70 年代，在国家的统一规划之下，先后建设了以遵义钛厂为代表的 10 余家海绵钛生产单位，并且建设以宝鸡有色金属加工厂为代表的数家钛材加工单位，同时也形成了以北京有色金属研究总院为代表的科研力量，成为继美国、苏联和日本之后的第四个具有完整钛工业体系的国家。1980 年前后，我国海绵钛产量高达 2800 吨，然而由于那个时候大多数的人对钛金属的认识不是很充足，钛材的高价格也限制了钛的某些应用范围，钛加工材的产量只有 200 吨左右，于是我国钛工业陷入了困境中。在这种情况下，由当时国务院副总理方毅同志倡导，朱镕基和袁宝华同志支持，于 1982 年 7 月成立了跨部委的全国钛应用推广领导小组，专门协调钛工业的发展事宜，同时促进了 20 世纪 80 年代到 90 年代初期在我国海绵钛和钛加工材料产量的旺点，在此之后，钛工业开始快速平稳发展。综合所述，我国钛工业发展的经历了大致可以分为三个发展时期：在 20 世纪 50 年代是开创时期，60～70 年代是建设期和 80～90 年代的初步发展期。得益于国民经济的持续、快速发展，我国的钛工业进入到一个快速发展时期。

钛具有耐腐蚀性能，所以在一些化学工业上也经常要用到它。在过去，化学反应器中装热硝酸的部件都使用不锈钢的器具。但是不锈钢也怕强烈的腐蚀剂——热硝酸，每隔半年，这种部件就要统统换掉。现在，用钛来制造这些部件，虽然成本比不锈钢部件贵一些，但是它可以连续不断的使用五年。

在电化学的过程中，钛是单向阀型的金属，电位为负，通常情况下无法用钛作为阳极进行分解。但是钛最大的缺点就是很难提炼，主要是因为钛在高温下化合能力比较强，可以与氧、碳、氮以及其他许多元素化合。因此，不论在冶炼或者是铸造的时候，人们都非常小心地防止这些元素"侵袭"钛。在冶炼钛的时候，空气与水是严格禁止接近的，甚至连冶金上常用的氧化铝坩埚也禁止使用，因为钛会从氧化铝之中夺取氧。现在，人们利用镁与四氯化钛在惰性气体——氦气或者是氩气中的作用，以此来提炼钛。人们利用钛在高温下化合能力极强的特点，在炼钢的时候，氮很容易溶解在钢水中，当钢锭冷却的时候，钢锭中就会形成一种气泡，从而影响钢的质量。所以，炼钢时候往钢水中加入金属钛，可以使它与氮进行化合，变成炉渣——氮化钛，漂浮在钢水的表面，这样钢锭比较纯净。当超音速飞机飞行时，它的机翼的温度可以达到 500℃，如用比较耐热的铝合金制造机翼，一到 200℃ 也会吃不消，必须有一种又轻、又韧、又耐高温的材料来代替铝合金，而钛恰好能够满足这些要求。

钛还有很多的优点。钛还能够经得住 −100℃ 的考验，在 −100℃ 的温度下，钛仍然能够具备很好的韧性而且不容易发脆。利用钛和锆对空气的强大吸收力，可以有效除去空气，造成真空。例如，利用钛制成的真空泵，可以把空气抽到只剩下十万亿分之一。钛的氧化物——二氧化钛，是一种雪白的粉末，并且也是最好的白色颜料，俗称钛白。在很早的时候，人们就懂得开采钛矿，主要目的就是为了方便获得二氧化钛。钛白的粘附力强，不易起化学变化，永远都是雪白的。特别可贵的是钛白没有毒性。它的熔点非常高，被用来制造耐火玻璃、釉料、珐琅、陶土、耐高温的实验器皿等等。二氧化钛是世界上最白的元素，1 克二氧化钛可以把 450 多平方厘米的面积涂得雪白。它比常用的白颜料——锌钡白还要白 5倍，所以是调制白油漆的最好颜料。世界上用作颜料的二氧化钛，一年多到几十万吨。二氧化钛可以加在纸里，可以使纸变白并且不透明，效果比其他物质要大 10 倍左右，所以，钞票纸和美术品用纸就要加二氧化钛。此外,为了使塑料的颜色变得浅一些,使人造丝变得更光泽柔和,有的时候也要添加二氧化钛。在橡胶工业方面,二氧化钛还被用作白色橡胶的填料。四氯化钛是一种非常有趣的液体,它有股刺鼻的气味,在潮湿的空气中就会有冒白烟——这是说明它水解了,变成白色的二氧化钛的水凝胶。在军事方面上,人们会利用四氯化钛的这种比较古怪的脾气,成为人造的烟雾剂。

在海洋利用方面,水汽比较多,如果放入四氯化钛,浓烟就像是一道白色的长城,瞬时间就会挡住敌人的视线。在农业方面,人们会利用四氟化钛来进行防霜。钛酸钡晶体有这样的特性:当它受到异性压力而改变形状的时候,就会产生电流,一通电就又会改变形状。于是,人们把钛酸钡放在超声波中,它受压便产生电流,这样它所产生的电流的大小可以测知超声波的强弱。如果相反的话,用高频电流通过它,则可以产生超声波。现代人们使用超声波仪器的时候,几乎都要涌动钛酸钡。除此之外,钛酸钡还有非常多的用途。例如:铁路工人把它放在铁轨下面,用来测量当火车通过的时候产生的压力;医生用它制成脉搏的记录器。用钛酸钡做的水底探测器,更是锐利的水下眼睛,它不仅能够看到鱼群,而且还可以看到水底下的暗礁、冰山和敌人的潜水艇等等。

在冶炼钛的时候,要经过一些复杂的步骤。把钛铁矿变成四氯化钛,再把它放到一种密封的不锈钢罐中,充当为氩气,使它们与金属镁产生反应,就可以得到"海绵钛"。但是这种多孔的"海绵钛"是不能直接使用的,还必须把它们在电炉中熔化成液体,才可以铸成钛锭。但是想要制造这种电炉又谈何容易?除了电炉的空气必须抽干净外,更伤脑筋的是找不到盛装液态钛的坩埚,因为一般耐火材料都会含有氧化物,而其中的氧就会被液态钛夺走。后来,人们终于发明了一种"水冷铜坩埚"的电炉。这种电炉只有中间一部分区域非常热,其余的部分都是冷冷的,钛在电炉中进行熔化之后,流到用水冷却的铜坩埚壁上面,就会马上凝成钛锭。用这种方法可以生产几顿重量的钛块,但是它的成本也是人们不敢恭维的。

发现过程:

1791年,英国化学家格雷戈尔研究钛铁矿和金红石的时候发现了钛。四年之后,1795年,德国化学家克拉普罗特在分析匈牙利产的红色金红石时也发现了这种元素。于是他主张采取为铀命名的方法，引用希腊神话中泰坦神族 "Titanic" 的名字给这种新元素起名叫 "Titanium"。中文翻译就是钛。格雷戈尔和克拉普罗特当时所发现的钛是粉末状的二氧化钛，而并不是金属钛。因为钛的氧化物相对比较稳定，而且金属钛能够与氧、氮、氢、碳等直接激烈地进行化合，所以单质钛很难以制取。直到 1910 年才被美国化学家亨特第一次制得纯度达 99.9% 的金属钛。

知识链接

·钛元素的用途·

钛的强度非常大，纯钛抗拉强度最高可高达 180 千克/平方毫米。有些钢的强度也高于钛合金，但是钛合金的强度却远远超过优质的钢。钛合金有一种很好的耐热强度、低温韧性和断裂韧性，所以多用于飞机发动机零件和火箭、导弹的结构件。钛合金还可以作燃料和氧化剂的储箱以及高压容器。目前已经有用钛合金制造自动步枪、迫击炮座板以及无后坐力炮的发射管。在石油工业方面主要用作各种容器、反应器、热交换器、蒸馏塔、管道、泵和阀等。钛还可以用作电极和发电站的冷凝器以及环境污染控制的装置。钛镍形状记忆合金在仪器仪表上已经广泛应用。在医疗方面，钛可以作为人造骨头和各种器具的应用。钛还是炼钢的脱氧剂和不锈钢以及合金钢的组元。钛白粉是颜料和油漆的最好原材料。碳化钛，碳（氢）化钛是一种新型的硬质合金材料。氮化钛的颜色也比较接近黄金的颜色，所以在装饰方面也得到了广泛应用。钛合金被大量用于航空工业方面，有"空间金属"之称；另外，在造船工业上、化学工业上、制造机械部件上、电讯器材、硬质合金等一些方面也有着日益广泛的应用。除此之外，由于钛合金还与人体有很好的相容性，所以钛合金也可以用作人体造骨方面。

◎钽

钽是一种化学元素，钽的质地十分坚硬，而且钽的硬度可以达到 6～6.5。钽的熔点高达 2996℃，钽仅次于钨和铼和锇，位居第四。钽富有延展性，可以拉成细丝式制薄箔。其热膨胀系数也很小，每升高 1 摄氏度就会膨胀百万分之 6.6。除此之外，它的韧性也比较强，甚至比铜还优异。钽所具有的这些特性，使它的应用范围非常广泛。在制取各种无机酸的设备中，钽也可以用来替代不锈钢，可以节省很多材料。而且寿命比不锈钢提高几十倍。在化工、电子、电气等工业中，钽也可以取代过去需要由贵重金属铂承担的重要任务，使所需要的费用可以逐渐降低。钽被制造成了电容装备到军用设备中。美国的军事工业也逐渐发达，是世界上最大的军火出口商。世界上钽金属的产量一半被用在钽电容的生产方面，美国国防部后勤署则是钽金属最大的拥有者，曾经一度买断世界上 1/3 的钽粉。

元素用途

钽在酸性电解液中能够形成一种稳定的阳极氧化膜，用钽制成的电解电容器，具有容量大、体积小和可靠性好等优点，并且制电容器是钽最重要的用途. 70 年代末用量占钽总用量的 2/3 以上。钽也是制作电子发射管、高功率电子管零件的重要材料。钽制造的抗腐蚀设备广泛用于生产强酸、溴、氨等化学工业中。金属钽也可以作为飞机发动机的燃烧结构材料。钽钨、钽钨铪、钽铪合金经常用于火箭、导弹和喷气发动机的耐热高强材料以及控制和调节装备的零件中。钽容易加工成形，在高温真空的炉中作为支撑附件、热屏蔽、加热器和散热片等。钽还可以作为骨科和外科手术的重要材料。碳化钽可以用于制造硬质的合金方面。钽的硼化物、硅化物和氮化物以及合金用作原子能工业中的释热元件和液态金属包套的材料。氧化钽用于制造一些高级的光学玻璃和催化剂。1981 年，钽在美国的各个部门的消费比例大约为：电子元件 73%，机械工业为 19%，交通运输为 6%，其他方面仅占 2%。

知识库

·元素制取·

在钽铌矿中经常会伴有很多的金属，而钽的冶炼主要步骤是分解精矿，净化和分离钽、铌，这样来制取钽、铌的纯化合物，到最后制取金属物质。矿石分解可以采用氢氟酸分解的方法、氢氧化钠熔融法和氯化法等等。钽铌分离则可以采用溶剂萃取法、分步结晶法和离子交换法。

钽铌化合物的分离

你知道怎样对钽铌化合物进行分离吗？首先将钽铌铁矿的精矿用氢氟酸和硫酸分解钽和铌，呈氟钽酸和氟铌酸溶于浸出液里面，同时，铁、锰、钛、钨、硅等伴生的元素也溶于浸出液中，这样就会形成一种复杂的强酸性溶液。钽铌浸出液用甲基异丁基酮萃取钽铌，同时萃入有机相中，用硫酸溶液洗涤有机相中的一些微量杂质，最终能够得到比较纯的含钽铌的有机相洗液和萃余液合并物质，其中含有微量的钽铌和杂质元素，是一种强行的酸性溶液，并且可以进行综合回收。纯正的含钽铌的有机相用稀硫酸溶液反萃取铌，得到含钽的有机相。铌和少量的钽进入水溶液相中，然后再用甲基异丁基酮萃取其中的钽，就会得到一种纯的含铌溶液。纯的含钽的有机相用水反萃取就得到纯的含钽溶液。反萃取钽后的有机相返回萃取进行循环使用。纯的氟钽酸溶液或者纯的氟铌酸溶液可以同氟化钾或氯化钾进行反应，分别生成氟钽酸钾和氟铌酸钾结晶物，也可以与氢氧化铵反应生成氢氧化钽或氢氧化铌沉淀物。钽或铌的氢氧化物在 900℃～1000℃ 下进行煅烧会生成钽或铌的氧化物。

金属钽的制取

①金属钽粉可以采用金属热还原法制取。在惰性气氛下用金属钠还原氟钽酸钾。反应在不锈钢罐子中进行，当温度加热至 900℃ 时，还原反应就会迅速完成。这种方法制取的钽粉，粒形会出现不规则的形状，并且粒度比较细，适用于制作钽电容器中。金属钽粉亦可以用熔盐电解法进行制取：用氟钽酸钾、氟化钾和氯化钾混合物的熔盐做电解质，把五氧化二钽溶于其中，在 750℃ 下进行电解实验，可以得到纯度为 99.8%～99.9% 的钽粉。

②用碳热还原 Ta_2O_5 也可以得到金属钽。还原分两步进行：首先将一定配比的 Ta_2O_5 和碳的混合物在氢气中于 1800℃～2000℃ 下制成碳化钽，然后再将碳化钽和 Ta_2O_5 按照一定的配比制成混合物，进行真空还原成金属钽。金属钽还可以采用热分解或氢还原钽的氯化物的方法进行制取。致密的金属钽也可以用真空电弧、电子束、等离子束熔炼或粉末冶金法制备。一些高纯度的钽单晶用无坩埚电子束区域熔炼法可以制取。

◎铌

铌有吸收气体的性能，可以用作于一种除气剂，并且也是一种非常好的超导体。其化学符号为 Nb，原子序数为 41，原子量92.90638，属于周期系ⅤB族。1801 年，英国人查尔斯·哈切特在研究伦敦大英博物馆中所收藏的铌铁矿中分离出的一种新元素的氧化物，并且将其命名为钶元素。1802年，瑞典人厄克贝里在钽铁矿中发现另一种新元素 tantalum。并且这两种元素的性质也十分相似，有不少人认为它们是同一种元素。由于它与钽也非常相似，在最开始的时候他竟然也搞混了。1844年，德意志人罗泽开始详细地研究了许多铌铁矿和钽铁矿，并且分离出两种元素，最后才澄清了事实的真相。最后，查尔斯·哈切特用神话中的女神尼俄伯的名字命名了该元素。在历史上，最初人们用铌所在的铌铁矿的名字"columbium"来称呼铌，目前也会偶尔见到这个名字。铌在地壳中的含量为0.002％，主要矿物有铌铁矿、烧绿石和黑稀金矿、褐钇铌矿、钽铁矿、钛铌钙铈矿。但最主要的还是铌酸盐。铌是一种灰白色的金属，其熔点是2468℃，沸点为4742℃，密度8.57克/立方厘米。纯铌为立方体心的结构，如果在真空中进行加热的时候就会产生强烈的喷溅。铌也具有非常良好的抗蚀性能，在常温下会缓慢溶于氢氟酸之中；在氧气中红热的铌也不会完全地氧化；强热下能够与氯、硫、氮、碳等元素直接的化合。纯金属铌在电子管中用来除残留气体；铌在合金钢中能提高钢在高温时的抗氧性。铌还用于制造高温金属的陶瓷。

超导应用

在很早的时候人们就发现，当温度降低到接近绝对零度的时候，有些物质的化学性质就会发生突然改变，并且变成一种基本上没有电阻的"超导体"。物质开始具有这种奇异的"超导"性能的温度就叫临界温度。当然，各种物质的临界温度也是不一样的。超低温度是很不容易得到的，而且人们为此也付出了非常巨大的代价。越向绝对零度接近，就需要付出更大的代价。所以我们对超导物质的要求，是临界温度越高越好了。具有超导性能的元素不少，铌就是其中临界温度最高的一种。而且用铌制造的合金，临界温度高达绝对温度18.5℃～21℃，是目前市场上最重要的超导材料。

知识库

让我们来看一下这个实验：把一个冷到超导状态的金属铌环，在通上电流再断开电流，接着把整套仪器封闭起来，继续保持低温的状态。一直过两年半之后，当人们把仪器打开，发现铌环里的电流仍然在继续流动，而且电流强弱跟刚通电的时候几乎是完全相同的！从这个实验可以看出，超导材料几乎是不会损失电流的。如果使用超导电缆输电的时候，因为它没有电阻，那么电流通过的时候就不会有能量的损耗，所以输电效率将会大大提高。

曾经有人设计了一种高速磁悬浮的列车，在列车的车轮部位安装有超导的磁体，使整个列车可以浮起在轨道上面大约 10 厘米。这样一来，列车和轨道之间就不会再有摩擦的产生，进而可以减少前进的阻力。一列能够乘载百人的磁悬浮列车，只消耗 100 马力的推动力，就能够达到每小时 500 千米以上的速度。用一条长达 20 千米的铌锡带，缠绕在直径为 1.5 米的轮缘上面，绕组能够产生强烈并且稳定的磁场，足够以举起 120 千克的重物，并且使它悬浮在磁场空间之中。如果能够把这种磁场用到热核聚变反应中的话，把强大的热核聚变反应控制起来，那么就有一定的可能给我们提供大量的几乎是无穷无尽的廉价电力。人们曾经用铌钛超导材料制成了一台直流发电机装置。并且它的优点非常多，比如体积比较小，重量也很轻，成本低，与同样大小的普通发电机相比，它发的电量要大 100 倍左右。

医疗应用

钽的用途非常广泛，钽在医疗上也占有非常重要的地位，它不仅可以用来制造医疗器械，而且是很好的"生物适应性材料"。例如，用钽片可以弥补头盖骨的损伤，用来缝合神经和肌腱就是用的钽丝，折断了的骨头和关节就是用钽条代替的；钽丝还可以制成钽纱或者是钽网，可以用来补偿肌肉组织；用钽条代替人体中折断了的骨头之后，在经过一段时间的康复，肌肉居然会在钽条上正常地生长起来，就像是人体真正的骨头生长一样。所以人们把钽叫做"亲生物金属"。为什么钽在外科手术中能够有这样奇特的作用呢？关键还是因为它有非常好的抗腐蚀性能，不会与人体里的各种液体物质发生作用，并且几乎完全不损伤生物的机体组织，对于任何杀菌方法都能够正常地适应，所以可以同有机组织长期进行结合，并且不会有害地留在人体里。除了在外科手术中有这样好的用途之外，利用铌、钽的化学稳定性，还可以用它们来制造电解电容器、整流器等。特别是钽元素，目前大约有一半以上用来生产大容量、小体积、高稳定性的固体电解电容器，全世界每年都要生产几亿只。钽电解电容器也并没有"辜负"人们赋予的厚望，它也具有很多其他材料比不上的优点。它比跟它一般大小的其他电容器"兄弟"的电容量大 5 倍，并且非常可靠、耐震，工作温度范围大，使用寿命也比一般的长，现在已经大量地用在电子计算机、雷达、导弹、超音速飞机、自动控制装置以及彩色电视、立体电视等的电子线路中。

◎钒

钒是一种银灰色的金属元素。熔点是 1919±2℃，属于高熔点稀有金属之列。它的沸点 3000℃～3400℃，钒的密度为 6.11 克每立方厘米，纯钒具有展性，但是如果含有少量的杂质，尤其是氮、氧、氢等，也能显著降低其可塑性。

> **知识链接**
>
> 钒的传说：在很久以前，在遥远的北方住着一位美丽的女神名叫凡娜迪丝。有一天，一位远方客人来敲门，女神正悠闲地坐在圈椅上，她想：他要是再敲一下，我就去开门。然而，敲门声停止了，客人走了。女神想知道这个人是谁，怎么这样缺乏自信？她打开窗户向外望去，哦，原来是个名叫沃勒的人正走出她的院子。几天后，女神再次听到有人敲门，这次的敲门声持续而坚定，直到女神开门为止。这是个年青英俊的男子，名叫塞弗斯托姆。女神很快和他相爱，并生下了儿子——钒。这个故事虽然比较生动，但是却并不确切。原来第一次敲门的是墨西哥化学家里奥，第二次才是德国化学家沃勒。他们虽然发现了新元素，但不能证实自己的发现，甚至误认为这种元素就是"铬"。而塞弗斯托姆，通过锲而不舍的努力，才从一种铁矿石中得到了这种新元素，并以凡娜迪丝女神之名命名为"钒"。

钒本身就具有耐盐酸和硫酸的本领，并且在耐气－盐－水腐蚀的性能要比大多数不锈钢要好些。在空气中不被氧化掉，并且可以溶于氢氟酸、硝酸和王水。矿物有钒酸钾铀矿、褐铅矿和绿硫钒矿、石煤矿等。相比之下，中国是钒资源比较丰富的国家，钒矿主要分布在四川的攀枝花和河北的承德附近，并且大多数是以石煤的形式存在其中。如果我们把钢比作虎的话，那么钒就是翼，钢含钒犹如虎添翼。只需要在钢中加入百分之几的钒，就能够使钢的弹性、强度大幅度增加，抗磨损和抗爆裂性非常好，不仅耐高温而且抗奇寒，在汽车、航空、铁路、电子技术、国防工业等方面，都可以看到钒的踪影。除此之外，钒的氧化物也已经成为化学工业之中最佳催化剂之一，并且有"化学面包"之称。由此看出，

※ 钒

凡娜迪丝的"儿子"在人间也是非常受宠爱。最主要的就是用于制造高速切削钢以及其他合金钢和催化剂方面。当把钒掺进钢里面的时候，就可以制成钒钢。钒钢相对普通钢的结构更为紧密，韧性、弹性与机械强度都更高些。钒钢制的穿甲弹，能够射穿 40 厘米厚的钢板。但是，在钢铁工业上面，并不是把纯的金属钒加到钢铁中制成钒钢，而是直接采用含钒的铁矿炼成钒钢。钒的颜色也是多种多样的，有绿的、红的、黑的、黄的，绿的碧如翡翠，黑的犹如浓墨。如二价钒盐常呈紫色；三价钒盐呈绿色，四价钒盐呈浅蓝色，四价钒的碱性衍生物常是棕色或黑色，而五氧化二钒则是红色的。这些色彩缤纷的钒的化合物，被制成鲜艳的颜料，并且把它们加到玻璃中，然后制成一种彩色玻璃，有的也可以用来制作各种墨水。

| 拓展思考 |

1. 钛、钽、铌和钒的主要用途是什么？
2. 钛、钽、铌和钒放在氧气中会氧化吗？
3. 什么元素放在太阳下会冒烟？

珠宝中的锆和铍

Zhu Bao Zhong De Gao He Pi

锆 的原子序数 40，原子量 91.224。锆在地壳中的含量为 0.025％，但是分布非常分散。主要矿物有锆石和二氧化锆矿。锆一般被认为是稀有金属，其实它在地壳中的含量是相当大的，并且比一般常用的金属锌、铜、锡等都大些。锆合金也有很强的耐高温性能，用作制作核反应的第一层保护壳。锆的表面也容易形成一层氧化膜，具有光泽性，所以外观与钢十分相似。有耐腐蚀性能，溶于氢氟酸和王水；当高温的时候，可与非金属元素和许多金属元素产生反应，生成一种固溶体。1789 年，德国化学家克拉普罗斯在锆石之中发现了锆的氧化物，并且根据锆石的英文名来命名；1824 年，瑞典化学家贝采利乌斯首次制得不纯净的金属锆；荷兰科学家阿克尔和德博尔在 1925 年制得有延展性的块状金属锆。

锆单质的可塑性非常好，并且容易进行加工成板、丝等。锆在加热的时候能大量地吸收氧、氢、氮等气体，也可以用作贮氢的材料。锆的耐蚀性比钛好，接近铌、钽。锆与铪是化学性质相似、又共生在一起的两个金属，并且含有放射性的物质。地壳中锆的含量居第 19 位，几乎与铬相等。在自然界中具有工业价值的含锆矿物，主要有锆英石以及斜锆石。

◎历史

含锆的天然硅酸盐被称为锆石或者是风信子石。广泛分布在自然界中，并且有从橙色到红色的各种美丽的颜色，自古以来就被认为是宝石，听说 Zircon 一词就来自阿拉伯文 Zarqūn，是朱砂的意思，又说是来自波斯文 Zargun，是金色的意思，hyacinth 则来自希腊文的"百合花"一词，印度洋中的岛国斯里兰卡就盛产锆石。1789 年，德国人 M. H. Klaproth 对锆石进行研究时发现，如果将锆石与氢氧化钠进行共熔，在用盐酸溶解冷却物，在溶液中添加碳酸钾，然后进行沉淀，过滤并且清洗沉淀物，再将沉淀物与硫酸共煮，然后滤去硅的氧化物，在滤液中检查钙、镁、铝的氧化物，均未发现；在溶液中添加碳酸钾后就会出现沉淀，这个沉淀物并不像氧化铝那样溶于碱液，也不像镁的氧化物那样和酸作用，Klaproth 认为这个沉淀物和以前所知的氧化物都不一样，是由锆土所构成的。然而不久后，法国化学家 deMorueau 和 Vauquelin 两人都证实 M. H. Klaproth 的分析是正确的，该元素拉丁名为 Zirconium，符号认为 Zr，我国译成锆。1808 年，英国人 Davy 利用电流分解锆的化合物，但是实验并没有成功；1824 年，瑞典 Berzelius 首先用钾还原 K2ZrF6 时制得金属锆，但是纯度依然不够。一直到 1914 年，荷兰一家金属白热电灯制造厂的两位研究人员 Lely 和 Hambruger 用无水四氯化锆和过量金属钠同量盛入一空球中，并且利用电流进行加热到 500℃，最终取得了纯金属锆。

◎军事用途

从军工上来看，钢里只要加进 1‰ 的锆，硬度和强度就会惊人地提高。含锆的装甲钢、大炮锻件钢、不锈钢和耐热钢等是制造装甲车、坦克、大炮和防弹板等武器的重要材料。

◎锆的用途

锆的热中子俘获截面比较小，有突出的核性能，是能够发展原子能工业不可缺少的材料，可以作为反应堆芯结构的材料。而且锆粉在空气中容易进行燃烧，也可以作为引爆雷管以及无烟火药。锆可用于优质钢脱氧去硫的添加剂，也是装甲钢、大炮用钢、不锈钢以及耐热钢的一种组元。同时锆也是镁合金的重要合金元素，可以提高镁合金抗拉强度和加工性能。锆还是铝镁合金的变质剂，能够细化晶粒。二氧化锆和锆英石是耐火材料中最有价值的化合物。二氧化锆是新型陶瓷的一种主要材料，不可以用作抗高温氧化的加热材料。二氧化锆可作耐酸搪瓷、玻璃的添加剂，能够显著提高玻璃的弹性、化学稳定性以及耐热性能。锆英石的光反射性能比较强、热稳定性也很好，在陶瓷和玻璃中可以作为遮光剂进行使用。而且锆在加热的时候能够大量地吸收氧、氢、氮等一些气体，是一种理想的吸气剂，就像电子管中用锆粉作为除气剂，用锆丝锆片作栅极支架、阳极支架等等。粉末状铁与硝酸锆混合物，可以用作闪光粉。金属锆几乎全部用作核反应堆中铀燃料元件的包壳。也可以用来制造照相用的闪光灯，以及耐腐蚀的容器和管道，特别是能耐盐酸和硫酸。所以锆的化学药品可以作为聚合物的交联剂。

在我国一些大型的核电站中都在普遍使用锆材，如果要用核动力进行发电的话，那么每100万千瓦的发电能力，在一年之内就要消耗掉20～25吨金属锆。一艘3万马力的核潜艇用锆和锆合金作为核燃料的包套和压力管，那么锆的使用量也会达到20～30吨。锆的这种惊人的特性被广泛用在航空航天、军工、核反应、原子能领域。在中国"神六"上使用的抗腐蚀性、耐高的钛产品，其抗腐蚀性能远不如锆，其熔点1600℃左右，而锆的熔点则在1800℃以上，二氧化锆的熔点更是高达2700℃以上，所以锆作为航空航天材料，并且在其他的各个方面上性能大大优越于钛。

◎铍

铍是一种化学元素。化学符号Be，原子序数4，属周期系ⅡA族原子量9.012182，是最轻的碱土金属元素。1798年经过法国化学家沃克兰对绿柱石和祖母绿进行化学分析的时候发现。德国化学家维勒和法国化学家比西在1828年分别用金属钾还原熔融的氯化铍

※ 铍

从而得到了纯正的铍，其英文名是维勒命名的。铍是一种钢灰色的金属，其熔点为1283℃，沸点为2970℃，密度为1.85克/立方厘米，铍离子半径0.31埃，相比其他的金属要小得多。铍的化学性质非常活泼，能够形成致密的表面氧化保护层，即使在红热的时候，铍在空气中也比较稳定。铍既能够和稀酸反应，也能够溶于强碱中，表现出两性。铍的氧化物、卤化物都具有明显的共价性，铍的化合物在水中也比较容易进行分解，铍还能够形成聚合物以及具有明显热稳定性的共价化合物。

金属铍主要用作核反应堆的中子减速剂。铍铜合金被用于制造不发

生火花的工具中，就像航空发动机的关键运动部件、精密仪器等等。铍由于重量比较轻、弹性模数高和热稳定性好，已经成为引人注目的飞机和导弹结构材料。铍化合物对人体有一定的毒性，也是最严重的工业公害之一。

> 1798 年，法国矿物学家霍伊观察到祖母绿和一般矿物绿柱石的光学性质是相同的，并且从中发现了铍。根据霍伊的要求，法国化学家沃奎林对绿柱石和祖母绿进行化学分析，当他把苛性钾溶液加入绿柱石的酸溶液之后，最终得到了一种不溶于过量碱的氢氧化物的沉淀。于是他证明这两种物质具有同一组成，并且含有一种新的元素。1828 年，德国化学家维勒和法国化学家比西分别用金属钾还原熔融的氯化铍得到纯铍。铍在地壳中的含量为 0.001%，矿物主要有绿柱石、硅铍石和铝铍石。天然铍有三种同位素：铍7、铍8、铍10。

你知道为什么铍盐被称为甜土吗？因为铍盐有甜味所以被称为甜土，这种新元素最早被命名为"铕"，该词来自法语"glucose"，是"葡萄糖"的意思。之后因为发现镱的盐类也同铍盐一样具有甜味，"铕"被改称为"铍"，希腊语是"绿柱石"的意思。"铍"这一名称是德国化学家韦勒命名的。韦勒在 1828 年用金属钾还原铍土从而得到了纯正的金属铍粉末。

铍是一种稀有的金属，并且是最轻的结构金属之一。和锂一样，同样形成保护性氧化层，所以在空气中即使是红热的时候也非常稳定。不溶于冷水之中，微溶于热水中，可以溶于稀盐酸，稀硫酸和氢氧化钾溶液并且放出氢。金属铍对于无氧的金属钠，即使是在较高的温度下，也会有明显的抗腐蚀性能。铍可以形成聚合物以及具有显著热稳定性的一类共价化合物。在设计核反应堆的热交换器的时候，金属铍对液体金属的抗腐蚀性是很重要的。与通用的综合剂乙二胺四乙酸的反应并不是很强，这在分析上是很重要的。铍可以形成聚合物以及具有显著热稳定性的一类共价化合物。铍可用来制造飞机上用的合金、伦琴射线管、铍铝合金、青铜，也用作原子反应堆中的减速剂和反射剂。高纯度的铍又是快速中子的重要来源。

▶ 知 识 库

　　铍在古时候的作用也非常广泛，铍在作战的时候主要用于直刺和砍杀。秦朝之前铍多用青铜铸造方面。汉代的时候多用于铁制，铍首比秦代铜铍显著加长，也就增强了杀伤的效能。关于铍的最早记载见于《左传》襄公十七年（公元前556年）"贼六人以铍杀诸卢门"。战国以至汉初的时候，在战场上使用率最高的就是铍。西汉军队有"长铍都尉"一职，可见铍在作战中的地位。在西汉中期之后，铍的使用率就开始逐渐减少，并且慢慢从战场上消失了。

| 拓展思考 |

1. 锆元素在宝石中活跃吗？
2. 为什么铍在古代被用作杀敌？
3. 什么元素和氧气结合会变颜色？

从矿石中发现的锂

Cong Kuang Shi Zhong Fa Xian De Li

锂为一种银白色的金属，是一种最轻的金属。可以与大量无机试剂和有机试剂发生反应。它与水的反应比较剧烈些。但是由于氢氧化锂微溶于水之中，当反应在进行一段时间之后，锂表面就会被氧化锂进行覆盖，反应的速度也开始减慢。在 500℃ 左右的时候容易与氢发生反应，是唯一能够生成稳定的、足以熔融而且不分解的氢化物的碱金属，电离能 5.392 电子伏特，与氧、氮、硫等均能化合，是唯一与氮在室温下反应生成氮化锂的碱金属。由于容易受到氧化而变暗，并且密度比煤油小些，所以应该存放于液体石蜡中。

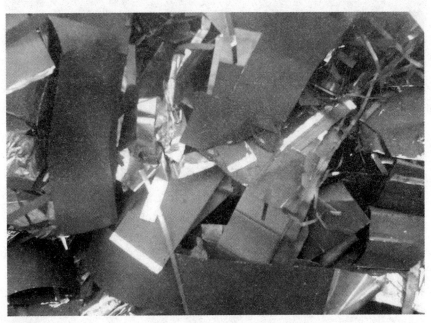

※ 锂

◎用途

锂主要以硬脂酸锂的形式用作润滑脂的增稠剂，这种润滑剂兼有高抗水性、耐高温和良好的低温性能。锂化物用于陶瓷制品之中，并且可以起到助溶剂的作用。并且在冶金工业之中也可以用来作脱氧剂或者是脱氯剂，以及铅基轴承合金。锂也是铍、镁、铝轻质合金的重要组成部分。锂是继钾和钠后发现的又一碱金元素。当时是瑞典化学家贝齐里乌斯的学生阿尔费特森发现它的。

▶ 知识库

1817年，贝齐里乌斯在分析透锂长石的时候，发现了一种新的金属，于是将这一新金属命名为 lithium，元素符号定为 Li。该词来自希腊文 lithos（石头）。在锂发现的第二年间，就得到法国化学家伏克兰重新分析的肯定。锂在地壳中的含量比钾和钠则少的多，而且它的化合物也并不多见，是它比钾和钠发现的晚的必然因素。在自然界中主要的锂矿物为锂辉石、锂云母、透锂长石和磷铝石等。在人和动物机体、土壤和矿泉水、可可粉、烟叶、海藻中都能够找到锂。天然锂有两种同位素：锂6和锂7。金属锂是一种银白色的轻金属；熔点为180.54℃，沸点为1342℃，密度0.534克/立方厘米，硬度是0.6。并且金属锂可以溶于液氨中。锂与其他碱金属则有所不同，在室温的情况下与水会发生反应但是比较慢，能够与氮气反应生成黑色的一氮化三锂晶体。锂的弱酸盐都难溶于水。在碱金属氯化物中，只有氯化锂容易溶于有机溶剂。锂的挥发性盐的火焰呈现深红色，可以用此来鉴定锂。锂很容易与氧、氮、硫等化合，在冶金工业中可用做脱氧剂。锂也可以做铅基合金和铍、镁、铝等轻质合金的成分。并且锂元素在工业上的用途也非常广泛。

▌拓展思考▐

1. 锂是一种不可多得的资源吗？
2. 是不是地下的矿石中都有锂元素呢？
3. 锂元素在人类的生活中有什么作用？

有趣的化学——元素的发明与利用

分析化学查出镉

Fen Xi Hua Xue Cha Chu Ge

1817 年，德国人斯特罗迈厄从一种不纯正的氧化锌中分离出褐色粉，然后使它与木炭进行共热，最终制得镉。但是首先发现镉的是德国哥廷根大学化学和医药学教授斯特罗迈尔。他当时兼任政府委托的药商视察专员。正是因为他在视察药商的过程中，观察到含锌的药物中出现了一些问题，才促使他于

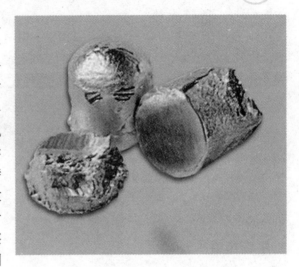

※ 镉

1817 年发现了镉。由于发现的新金属存在于锌之中，所以就以含锌的矿石菱锌矿的名称 Calamine 命名它为 Cadmium，而元素符号就定为 Cd。在自然界之中主要成硫镉矿而存在；也有一些微量的存在于锌矿中，所以也是锌矿冶炼时期的副产品。镉的主要矿物有硫镉矿（CdS），贮存于锌矿、铅锌矿和铜铅锌矿石中。在世界上镉的储量估计为 900 万吨。

◎用途

1. 用于制造合金：镉作为合金组土元能配成了很多的合金，就像含镉 0.5%～1.0% 的硬铜合金一样，有比较高的抗拉强度和耐磨性能。镉（98.65%）镍（1.35%）合金是飞机发动机的一种轴承材料。在很多的低熔点合金中都含有镉，著名的伍德易熔合金中含镉达 12.5%。

2. 镉具有较大的热中子俘获截面，因此含银（80％）铟（15％）镉（5％）的合金，可以作为原子反应堆的（中子吸收）控制棒。

3. 镉的化合物曾广泛用于制造（黄色）颜料、塑料稳定剂、（电视映像管）荧光粉、杀虫剂、杀菌剂、油漆等。

4. 用于电镀等：镉氧化电位高，所以可以用作铁、钢、铜的保护膜，被广泛应用于电镀防腐上面，但因为其毒性比较大，所以这项用途就大大减缩了镉的趋势。

5. 镉用于充电的电池：镍—镉和银—镉电池都具有体积非常小、容量比较大的优势，所以我们所使用的某些电池就是镉制成的。

知识库

镉被发现的时间并不是太早，特别是镉与它的同族元素汞和锌相比之下，镉被发现要晚很多。它在地壳之中的含量比汞还要多一些，但是汞出现的时候就以强烈的金属光泽、较大的比重、特殊的流动性和能够溶解多种金属的姿态吸引着人们的注意。而镉在地壳中的含量比锌少，常常以少量包含于锌矿中，很少单独成矿。金属镉比锌的挥发性质更强些，所以在用高温炼锌的时候，它比锌更早逸出，所以就逃避了人们的觉察。

◎生物毒性

镉的毒性非常大，镉会对呼吸道产生强烈的刺激性，如果长期暴露的话会造成一种嗅觉丧失症、牙龈黄斑或者是渐成黄圈，镉化合物不容易被肠道所吸收，但是完全可以经过呼吸被体内所吸收掉，长期积存于肝或者是肾脏中会对人体造成一定的危害，尤以对肾脏损害最为明显。有的甚至可以导致骨质疏松症，所以为了健康着想，一定要小心使用镉。

拓展思考

1. 镉是一种有害物质吗？
2. 镉和硫会产生什么反应呢？
3. 镉和铁会产生什么反应呢？

电

第四章

池之后发现元素

DIANCHIZHIHOUFAXIANYUANSU

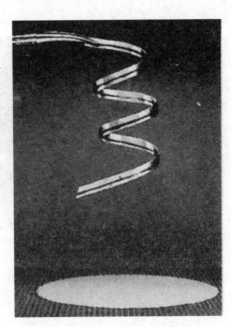

　　大家都知道生活中的电池有很多的元素，这些元素在电池发明之后也逐渐展现出来，有的元素对我们的身体有益，但是有些元素却对身体有害。钙、镁的问世，铝和钠的出现，在目前的社会都是不可缺少的元素，同样在生活中起到了重要的作用。本章就为你讲述这些元素的特别之处。

钾和钠的发现

Jia He Na De Fa Xian

你知道钾和钠的一些特性吗？想知道在什么时候发现了它们吗？现在就告诉你：在 1807 年，英国化学家戴维用电解法发现了钠和钾元素。1806 年，戴维就开始进行电化学的研究。他用 250 对金属板制成了当时最大的伏打电堆，以便于生产更强大的电流。在最初的时候，他

※ 钾

用碳酸钾的饱和溶液对其进行了电解，但是并没有电解出金属钾，只是对水进行了分解。1807 年 10 月 6 日，戴维决定改变之前的做法，电解熔的碳酸钾。但是出现了问题，干燥的碳酸钾并不能导电，所以必须将碳酸钾放在空气中暴露片刻，至少让它的表面上吸附少量的水分，就具备了导电的能力。然后将表面湿润的碳酸钾放在铂制的小盘上面，并且用导线将铂制小盘与电池的阴极相连结，一条与电池阳极相连的铂丝则插在碳酸钾中，使整个装置都暴露在空气中。当接通电之后，碳酸钾开始熔化，表面就出现了沸腾的现象。戴维发现阴极上有强光产生，阴极附近产生了带金属光泽的像水银一样的颗粒，有的颗粒在形成之后立即燃烧起来产生光亮的火焰，甚至发生可怕的爆炸现象；有的颗粒则被其氧化，表面上形成了一层白色的薄膜。戴维将电解池中的电流倒转过来，仍然在阴极上发现银白色的颗粒，也能够燃烧和发生爆炸，戴维看到这一惊人现象后，欣喜若狂。于是他把这种金属颗粒投入水中，开始的时候它在水面上迅速转动，并且伴有嘶嘶的声音，然后燃烧放出淡紫色的火焰，这个时候他确认自己是发现了一种新的碱金属元素。由于这

种金属是从钾草碱中制取出来的，所以将它命名为"钾"。紧接着戴维又采用了同样的方法电解了苏打，并且从中获得了另一种新的碱金属元素，这就是"钠"。经历了连续六个星期的紧张实验，这个时候的戴维已经累得两眼凹陷，面色发白，甚是吓人，不过戴维依然很兴奋。

▶ 知 识 库

1807年11月19日，他支撑着自己虚弱的身体在学术报告会上公布了发现钾、钠的经过。他的报告赢得了暴风雨般的掌声和热烈的祝贺声，这个时候的戴维感觉自己的辛苦是值得的，并且对这种新元素的发现感到高兴，心中甚是欢喜。

| 拓展思考 |

1. 钾是什么时候发现的？
2. 钠和硝酸会产生什么反应？
3. 是谁发现了钾和钠？

钙、镁、钡和锶的来历

Gai、Mei、Bei He Si De Lai Li

你知道为什么医生总是说小孩缺钙吗？其实钙是一种金属元素，一种银白色的晶体。质地比较柔软，密度为 1.54 克/立方厘米，熔点为 839±2℃，沸点是 1484℃。化合价为＋2，电离能 6.113 电子伏特。化学性质相对比较活泼，能够与水、酸进行反应，有氢气产生。在空气及其表面上会形成一层氧化物和氮化物薄膜，可以防

※ 钙元素

止继续遭受腐蚀。当加热时，几乎能还原所有的金属氧化物。在动物的骨骼、蛤壳、蛋壳中都含有一定的碳酸钙。并且可以用于合金的脱氧剂、油类的脱水剂、冶金的还原剂、铁和铁合金的脱硫与脱碳剂以及电子管中的吸气剂等等。不仅如此，它的化合物在工业上、建筑工程上和医药上用途也非常大，并且效果显著。

◎发现过程

1808 年 5 月，英国化学家戴维通过电解石灰与氧化汞的混合物，最终得到了钙汞合金，并且将合金中的汞进行蒸馏之后，获得了银白色的金属钙物质。瑞典的贝采利乌斯、法国的蓬丁，使用汞阴极电解石灰，在阴极的汞齐中提出了金属钙。

▶ 知 识 库

> 　　钙在人体中发挥着非常重要的作用，并且是人体不可缺少的一种元素。钙是人体内含量最多的一种无机盐。一个正常的人体内钙的含量为1200～1400克，大约占人体重量的1.5%～2.0%，其中99%都存在于骨骼和牙齿之中。另外，1%的钙大多数都会呈现离子状态存在于软组织、细胞外液和血液之中，与骨钙保持着动态的平衡。机体内的钙，一方面能够构成骨骼和牙齿，另一方面则可以参与各种生理功能和代谢的过程，并且影响各个器官组织的活动。钙与镁、钾、钠等离子是保持一定比例的，使神经和肌肉保持正常的反应；钙也是调节心脏搏动，保持心脏进行连续交替地收缩和舒张；钙能够维持肌肉的收缩和神经冲动的传递信息；钙能够刺激血小板，从而促使伤口上的血液快速凝结；在身体机制中，有许多种酶也需要钙的激活，才能够显示它的活性能。

◎玻璃棒和冰块热恋了

　　你听说过玻璃棒和冰块热恋吗？这两个根本就不相干的事物，怎么能够产生火花，难道它们真的恋爱了吗？来回味一下，上化学课的时候化学老师是不是曾经给我们表演过这样一个好玩的游戏，让玻璃棒和冰块之间擦出火花来。只见化学老师把小碟子里的叫做高锰酸钾的黑褐色固体研成粉末，然后滴上几滴浓硫酸或者是高锰酸钾，然后再用玻璃棒进行搅拌直到均匀为止。大家知不知道蘸有这种混合物的玻璃棒，就成了一支看不见火的小火把，它不仅可以点燃酒精灯，而且还可以点燃冰块。不过要事先在冰块上面放上一小块电石，然后用玻璃棒轻轻往冰块上接触，那么冰块马上就会燃烧起来，并且会燃烧得越来越旺。

　　其实，电石和冰表面上都有少量的水可以发生化学反应，然后再生成比较容易燃烧的电石气。而玻璃棒上的浓硫酸或者高锰酸钾是一种很强的氧化剂，可以让电石气发生氧化并且快速达到燃点，可以使电石气进行燃烧。又由于水和电石反应是放热的反应，电石气的燃烧也放热，所以就使冰块融化更多的水，当更多的水和电石反应生成的电石气也会越来越多，那么火也就会越来越旺了。电石就是碳化钙，那么当碳化钙和水发生反应就会生成能够燃烧的乙炔。

◎健康危害

　　碳化钙容易损害皮肤，会引起皮肤瘙痒、炎症、溃疡、黑皮病等等。如果皮肤被灼伤之后，很可能会长期不愈或者是慢性溃疡。接触碳化钙的人会出现汗少、牙釉质损害、龋齿发病率增高等现象，所以在使用的时候千万要小心。

◎危险特性

当干燥的时候不易点燃，但是当遇水或者是湿气的时候就能够迅速产生高度易燃的乙炔气体，在空气之中达到一定的浓度的时候，很可能会发生爆炸。

◎关于高锰酸钾

高锰酸钾有一定的毒性，如果口服就会严重腐蚀口腔和消化道。并且出现口内烧灼感、上腹痛、恶心、呕吐、口咽肿胀等症状。甚至会引起胃出血、肝肾损害、剧烈腹痛、呕吐、血便、休克等疾病。高锰酸钾也有一定的腐蚀性能。当吸入高锰酸钾之后可能会引起呼吸道损害。如果高锰酸钾溅落到眼睛内，就会刺激结膜或者灼伤。当高锰酸钾刺激皮肤之后就会使皮肤呈棕黑色。

知识链接

·医用价值·

洗胃：若误服什么中毒后，可用高锰酸钾溶液洗胃。溶液呈淡紫色或浅红色时其浓度刚好可用，如果溶液呈紫色、深紫色时，已是高浓度的高锰酸钾液，可引起胃粘膜的溃烂，绝对不能使用。

消毒：外用，创面，腔道冲洗、洗胃、漱口、坐浴、清洗溃疡及脓肿、清洗水果等。

净水：高锰酸钾是自来水厂净化水用的常规添加剂。在野外取水的时候，加高锰酸钾30分钟后也可进行饮用。

路标：在雪地中迷路的时候，可以将高锰酸钾颗粒撒在雪地上，那样就可以产生紫色物给救援者引路。

消炎：高锰酸钾为强氧化剂，有极强杀灭细菌的作用。临床上常用于冲洗皮肤创伤、溃疡、鹅口疮、脓肿等。溶液漱口还可用于去除口臭及口腔消毒。注意溶液浓度的把握，过高的浓度会造成腐蚀溃烂。因为高锰酸钾放出氧的速度较慢，浸泡时间至少5分钟才能杀死细菌。不可用热水配制溶液，应用凉开水为好。

有趣的化学——元素的发明与利用

◎镁

镁是一种银白色的金属，密度 1.738 克/立方厘米，熔点 648.9℃。沸点 1090℃。化合价＋2，电离能 7.646 电子伏特，是一种轻金属，并且具有延展性，金属镁也没有磁性，且有良好的热消散性。1808 年，英国的戴维用钾还原白镁氧（即氧化镁 MgO），最早制得了少量的镁元素。

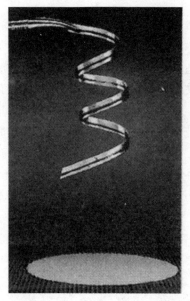
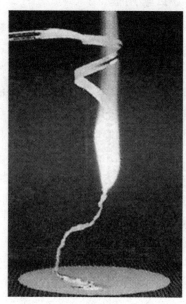

※ 镁

镁的发现

在很久以前，古罗马人认为 "magnesia"（希腊 Magnesia 地区出产的一种白色镁盐，镁元素即因此得名）能够治疗多种疾病。一直到 1808 年，英国化学家戴维采用电解苦土（含镁）的方法对其进行分离，最终得到镁元素。上世纪 30 年代初，MoCollum 及其同事首次用鼠和狗作为实验的动物，并且系统地观察了镁缺乏的反应。1934 年第一次发表了少数人在不同疾病的基础上发生镁缺乏的一些报道。进一步证实了镁是人体中不可缺少的必须元素。Flink 以及同事在上世纪 50 年代初就曾经报告，因为酗酒的原因和接受无镁静脉输液而发生镁耗竭的病例。一般身体健康是不会发生镁缺乏的状况，但是发现越来越多的临床疾病与镁耗竭有直接的关系。

镁在生活中也经常用做还原剂，去置换钛、锆、铀、铍等金属。其主要用于制造轻金属合金、球墨铸铁、科学仪器脱硫剂脱氢和格氏试剂。也能够用于制烟火、闪光粉、镁盐、吸气器、照明弹等等。其结构的特性和铝十分相似，具有轻金属的各种用途，可以作为飞机、导弹的合金材料。

日常用途

镁在医学方面用于治疗缺镁和痉挛：当运动员在紧张运动几小时前或者是运动之后会注射镁，这样可以弥补镁的一些流失。但是如果注射速度过于太快的话，就会造成身体不适。镁是其他合金的主要组元，尤其是铝合金，它与其他元素配合能够使铝合金热处理强化；球墨铸铁用镁作球化剂；而有些金属（如钛和锆）生产又用镁作还原剂；镁还可以制造燃烧弹和照明弹；镁粉是节日烟花必需的原料；镁肥还能促使植物对磷的吸收利用，缺镁植物生长缓慢。

镁在其他方面的应用：镁是较轻的金属材料，又具有重量轻、比强度高、切削性好、不易老化、易于回收等优点。镁合金是替代钢铁、铝合金和工程塑料的新一代高性能结构材料，是交通工具、计算机、声像器材、林业、纺织、核动力装置、航天器、军用飞机、导弹等产品外壳的理想材料。而且越来越多地用于汽车行业，可减重、节能、降低污染，改善环境等。镁粉用于钢铁脱硫具有潜在市场。此外，镁可有效防止金属腐蚀，可广泛用在地下铁制管道、石油管道、储罐、海上设施、装备、民用等。

> ▶ 小 知 识
>
> ### ·长命的蜡烛·
>
> 朋友为了给生日会增添气氛，于是就在生日会上开了一个玩笑，让大家许愿然后在一起吹蜡烛，一屋子的人都看到蜡烛被吹灭了，但是蜡烛不知道什么原因莫名其妙又亮了起来。大家竟然怎么吹都吹不灭，大家都非常疑惑，但是朋友却神秘地笑了起来。
>
> 原来是他在蜡烛的芯内藏了一些容易燃烧的化学物质，有金属铝、铁、镁等等，但是用的镁最多。因为镁的燃点比较低。当蜡烛燃烧的时候，蜡烛芯中的镁被液化了的石蜡包围着，使它与氧气进行隔绝。但是当火焰熄灭的时候，镁粉接触到氧气，就会燃烧起来，从而使蜡烛重燃。所以才会有熄灭的蜡烛又点燃，而且怎么吹都吹不灭的情况。

哪些食物富含镁

镁有助于调节人的心脏运动，降低血压，预防心脏病，可以提高男士的生育能力等等。经过测定，紫菜中含镁量最高，位居各种食物之首。其他蔬菜有冬菜、苋菜、辣椒、蘑菇等。谷类有小米、荞麦面、玉米、高粱面，通心粉、燕麦、烤马铃薯等。豆类有豆腐、黄豆、黑豆、蚕豆、豌豆、豇豆等。水果中有杨桃、桂圆、核桃仁等。虾米、花生、芝麻等也含有镁元素。

缺乏表现

镁缺乏在临床上面主要表现为情绪不安、手足抽搐、反射亢进等。正常人因为肾的调节作用，如果摄入过量的镁一般也不会发生镁中毒的现象。但是当肾功能衰竭的时候，大量口服镁很可能会引起镁中毒的现象，其表现为腹痛、腹泻、呕吐、疲乏等，还会出现呼吸困难、瞳孔散大等，表明是镁中毒比较严重。如果镁缺乏还可能导致血清钙下降，神经肌肉兴奋性亢进，特别是对心血管病人不好。镁缺乏还可能会导致绝经、骨质疏松症状等。镁一般广泛分布于植物之中，动物的肌肉和脏器中也比较多，乳制品中比较少。动物性食品中镁的利用率比植物性食品中镁的利用率要高些。经过科研人员发现，镁可以激活300多个酶系统，是一种很好的激活剂。当人到中年以后多食"镁"食。体内镁含量降低就会导致心血管疾病的发生率，如冠心病、高血压、高血脂、心肌梗塞、糖尿病等。我们有时候在长时间高强度运动的时会发生抽搐、痉挛等，那是就因为体内缺镁造成的。

过量表现：过量镁摄入，常伴有恶心、胃肠痉挛等胃肠道反应，或者嗜睡、肌无力、膝腱反射弱甚至消失、肌麻痹、呼吸肌麻痹、心脏传导阻滞、心搏停止等。高镁血症可引起低血钙、影响骨和血液凝固、骨质异常等。

治疗措施

一般情况之下，健康饮食并不会存在缺少镁的问题。如果出现缺镁症状的情况，可经常吃些卤水豆腐等含镁比较丰富的食物。也可以口服补充镁剂，为了避免腹泻可以与氢氧化铝胶一起联用。可以采用肌肉注射镁剂。如果出现手足搐搦、痉挛发作或者心律失常等症状的时候是低镁血症严重，应给予静脉注射。但是需要注意避免镁过多、过速等，以避免会造成急性镁中毒；如果遇到镁中毒的情况，应该注射葡萄糖酸钙或者是氯化钙。

◎钡

钡是一种银白色金属，稍微带有光泽，颜色为黄绿色，并且有延展性。密度 3.51 克/立方厘米。熔点 725℃。沸点 1640℃。化合价＋2。电离能 5.212 电子伏特。钡的化学性质相当活泼，能够与大多数非金属产生反应，在高温以及氧中燃烧会生成过氧化钡。容易进行氧化，也能够与水发生作用，生成氢氧化物和氢；并且溶于酸，会生成盐。钡盐除硫酸钡外都有毒。在金属活动性顺序中位于钾、钠之间。

发现过程

钡的化合物具有磷光现象，即使是当它们受到光的照射后，在黑暗中也会继续发光一段时间。正是因这一特性而被人们开始注意。1602年，意大利波罗拉城一位制鞋工人卡西奥劳罗将一种含硫酸钡的重晶石与可燃物质一起进行焙烧之后，发现它在黑暗中会引起发光的现象，这样一种特殊的特性引起了当时学者们的兴趣。后来这种石头就被称为波罗拉石，并且引起了欧洲化学家分析研究的兴趣。1774 年，舍勒认为这种石头是一种新土（氧化物）和硫酸结合而成的。1776 年，他加热这一新土的硝酸盐，并且获得了纯净的土（氧化物），称为 baryta（重土），来自希腊文 barys（重的）。1808 年，戴维电解重晶石，并且获得了金属钡，就命名为 barium，元素符号定为 Ba，就是我们今天所称的钡。钡离子可以与硫酸根离子发生反应，并且生成不溶于酸的硫酸钡沉淀物，所以，可以用氯化钡和稀硝酸来进行检验硫酸根离子的存在。

◎锶

碱土金属中丰度最小的元素是锶。最主要的矿物有天青石和碳酸锶矿。可以由电解熔融的氯化锶而制得。可以用于制造合金、光电管，以及分析化学、烟火等。质量数为 90 的锶是一种放射性同位素，可以作为 β 射线放射源，半衰期为 25 年。钡、锶、钙和镁同是碱土金属，同时也是地壳之中含量比较多的元素。

1808 年，英国人克劳福特和戴维先后由铅矿和锶矿中发现了锶。大约在 1787 年，在欧洲一些展览会上展出从英国苏格兰思特朗蒂安地方的铅矿中采得的一种矿石。一些化学家认为它是一种萤石。1790 年，克劳福德在苏格兰斯特朗申得铅矿中第一次识别了在自然界中存在的碳酸锶；1792 年，英国化学家、医生荷普证实了这种含锶的矿石，并且明确它是一种碳酸盐，但是与碳酸钡有所不同，随后分离出了钡、锶、钙的化合物。就从它的产地 Strontian 命名它为 strontia（锶土）。1789 年，拉瓦锡发表的元素表中没有来得及把锶土排进去。而戴维却及时赶上了，他在 1808 年利用电解法，汞阴极电解氢氧化锶，从碳酸锶中分离出纯金属锶，并且命名为 strontium，元素符号用 Sr。

元素描述

锶是一种银白色软金属。密度 2.6 克/立方厘米，熔点 769℃，沸点 1384℃，化合价＋2。第一电离能 5.695 电子伏特。化学性质也比较的活泼，容易在空气中进行加热燃烧；容易与水和酸作用并且放出氢；金属锶熔点的时候即燃烧而呈洋红色的火焰。

▶知识链接

·元素用途·

锶因为其很强的吸收放射线辐射功能和独特的物理化学性能，而被广泛应用于电子、化工、冶金、军工、轻工、医药和光学等各个领域之中。钡、锶、钙和镁同是碱土金属，也是地壳中含量比较多的元素。不过钡和锶在地壳中的含量与钙、镁相比还是少之则少。再加上它们的化合物的实际应用比不上钙和镁的化合物的广泛。因此它们的化合物比钙和镁的化合物要晚一些被人们所认识，只是戴维把钡和锶和钙、镁同时从化合物中电解分离出来。

|拓展思考|

1. 这里的钙元素是我们生活中所需要的钙吗？
2. 镁的用途有哪些？
3. 锶元素和镁元素哪个比较活跃？

电解获得硼和硅

Dian Jie Huo De Peng He Gui

硼 的原子序数为 5，原子数量 10.811。大约在公元前 200 年，在古埃及、罗马、巴比伦时期，曾经用硼砂来制造玻璃和焊接的黄金。1808 年，法国的化学家盖·吕萨克和泰纳尔分别用金属钾进行试验，还原硼酸来制得单质硼。硼在地壳中的含量为 0.001%。天然硼有两种同位的元素：硼 10 和硼 11，其中硼 10 最为重要。硼为黑色或者是银灰色的固体。晶体硼为黑色，熔点约 2300℃，沸点 3658℃，密度 2.34 克/立方厘米；硬度也仅次于金刚石，并且也比较脆。

◎性状特点

硼在室温的情况下比较稳定，即使是在盐酸或者是氢氟酸中长期煮沸也起不了作用。硼能够和卤族元素直接进行化合，从而形成卤化硼。硼在 600℃～1000℃ 可以与硫、锡、磷、砷发生反应；在 1000℃～1400℃ 的时候与氮、碳、硅作用，高温下的硼还能够与许多金属和金属氧化物发生反应，从而可以形成金属硼化物。这些化合物通常是高硬度、耐熔、高电导率和化学惰性的物质，常常具有一种特殊的性质。它是最外层少于 4 个电子的仅有的非金属元素。其单质有无定形和结晶形两种。前者呈现棕黑色到黑色的粉末，后者呈乌黑色到银灰色，并且有金属的光泽。硬度与金刚石十分相近。无定形的硼密度 2.3 克/立方厘米，晶形的硼密度 2.31 克/立方厘米，熔点 2300℃，沸点 2550℃。在室温的情况下无定形硼在空气中会发生缓慢的氧化，在 800℃ 左右能够发生自燃的现象。硼与盐酸或者是氢氟酸，即使经过长期的煮沸，也不起作用。它能够被热浓硝酸和重铬酸钠与硫酸的混合物缓慢地侵蚀和氧化。过氧化氢和过硫酸铵也能缓慢氧化结晶硼。氯、溴、氟与硼作用而且形成相应的卤化硼。硼在 600℃～1000℃ 的温度下可以与硫、锡、磷、砷发生反应；在 1000℃～1400℃ 与氮、碳、硅作用，高温下硼还与许多金属和金属氧化物发生反应，形成金属硼的化合物。这些化合物通常是高硬度、耐熔、高电导率和化学惰性的物质，经常具有特殊的性质。

◎元素来源

在自然界之中，硼只是以其化合物形式存在着（像在硼砂、硼酸中，在植物和动物中只存在有限量的硼），在通常情况下由电解熔融的氟硼酸钾和氯化钾或者是热还原它的其他化合物（如氧化硼）制得。制备方法有：硼的氧化物用活泼的金属进行热还原；用氢还原硼的卤化物；用碳热还原硼砂；电解熔融硼酸盐或者是其他含硼化合物；热分解硼的氢化合物在上述方法中所得的初产品均应真空除气或者是控制卤化，才可以制得高纯度的硼。

◎元素用途：

硼主要是用于冶金（如为了增加钢的硬度）以及核子学的研究中，因为它吸收中子的能力比较强，由于硼在高温的情况下特别活泼，所以被用来作冶金除气剂、锻铁的热处理、以此增加合金钢高温强固性能，硼还用于原子反应堆和高温技术之中。棒状和条状硼钢在原子反应堆中可以广泛用作控制棒。由于硼具有低密度、高强度和高熔点的性质，所以可以用来制作导弹、火箭中所需要用的某些特殊的结构材料。硼的化合物在农业、医药、玻璃工业等方面也是用途非常广泛。冶金方面，硼与塑料或铝合金结合，是有效的中子屏蔽材料；硼钢在反应堆中用作控制棒；硼纤维用于制造复合材料等。含硼添加剂可以改善冶金工业中烧结矿的质量，降低熔点、减小膨胀，提高强度硬度。硼及其化合物也是冶金工业的助溶剂和冶炼硼铁硼钢的原料，加入硼化钛、硼化锂、硼化镍，可以冶炼耐热的特种合金。建材硼酸盐、硼化物是搪瓷、陶瓷、玻璃的重要组分，具有良好的耐热耐磨性，可增强光泽，调高表面光洁度等。

世界上最多的硼砂主要来源于我国的西藏。1702年，法国医生霍姆贝格首先从硼砂中制得了硼酸，称为salsedativum，就是镇静盐。1741年，法国化学家帕特指出：硼砂与硫酸的作用除了能够生成硼酸之外，还可以得到硫酸钠。1789年，拉瓦锡把硼酸基列入到元素表。1808年英国化学家戴维和法国化学家盖吕萨克、泰纳各自获得了单质的硼。硼的拉丁名称为boracium，元素符号为B。这一词来自borax（硼砂）。

◎硅

硅是一种化学元素，它的化学符号是Si，原子序数为14，相对原子质量是28.09，有无定形和晶体两种同素异形体，同素异形体有无定形硅和结晶硅。属于元素周期表上IVA族的类金属元素。而晶体硅

※ 硅

是一种钢灰色，无定形硅是黑色的，密度为2.4克/立方厘米，熔点为1420℃，沸点为2355℃，晶体硅属于原子晶体，比较硬而且有光泽性，有半导体的性质。硅的化学性质也比较活泼，在高温的情况下可以与氧气等多种元素进行化合，但是不溶于水、硝酸和盐酸，溶于氢氟酸和碱液，可以用于造制合金如硅铁、硅钢等。单晶硅是一种重要的半导体材料，主要用于制造大功率的晶体管、整流器、太阳能电池等。硅在自然界中分布的范围非常广，地壳中大约含有27.6％，主要以二氧化硅和硅酸盐的形式所存在。结晶型的硅是黯黑蓝色的，非常脆，是典型的半导体。其化学性质也非常稳定，在常温的情况下，除了氟化氢之外，难以与其他物质发生反应。

▶ 知 识 库

　　硅是一种非金属元素，有无定形和晶体两种同素异形体，其中晶体硅具有金属光泽和某些金属的特性，所以常常被称为准金属的元素。并且硅也是一种非常重要的半导体材料，掺杂微量杂质的硅单晶可以用来制造大功率的晶体管、整流器和太阳能电池等。二氧化硅（硅石）是一种最普遍的化合物，并且在自然界之中分布非常广泛，构成各种矿物和岩石。最重要的晶体硅石其实就是石英。不仅比较大而且非常透明的石英晶体就叫做水晶，几乎不透明的石英晶体叫墨晶。石英的硬度为 7。石英玻璃能够透过紫外线，并且可以用来制造汞蒸气紫外光灯和光学仪器。在自然界中还有无定形的硅，叫做硅藻土，常常用作甘油炸药（硝化甘油）的吸附体，也可以作绝热、隔音的重要材料。普通的砂子是制造玻璃、陶瓷、水泥和耐火材料等的原料。硅酸干燥脱水后的产物为硅胶，硅胶有很强大的吸附能力，能够吸收各种气体，所以常常被用来作吸附剂、干燥剂和部分催化剂的载体。

┃拓展思考┃

　1. 硼和硅哪种是半导体？

　2. 硼在氧气中的反应怎样？

　3. 你知道生活中哪些产品和硼有关联？

成功电解铝的产生

Cheng Gong Dian Jie Lü De Chan Sheng

铝 是一种银白色的轻金属元素，熔点为 660.37°C，沸点为 2467°C，密度 2.702 克/立方厘米。铝是面心立方结构，有非常好的导电性和导热性；纯度的铝比较软。而且铝也是非常活泼的金属，在

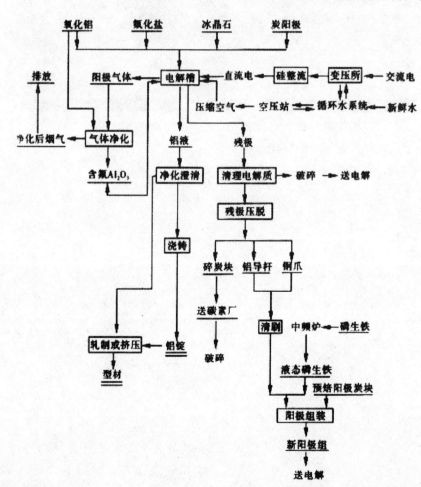

※ 铝

干燥的空气中铝的表面就会立即形成厚度大约为 50 埃的致密氧化膜，使铝不能够进一步氧化；但是铝的粉末与空气混合后极易进行燃烧；熔融的铝能与水进行猛烈的反应；在高温情况之下能够将许多金属的氧化物还原为相应的金属；铝是两性的，比较溶于强碱，也能够溶于稀酸。

▶知识库

　　1800 年，意大利的物理学家伏特创建了电池之后，在 1808～1810 年间，英国化学家戴维和瑞典化学家贝齐里乌斯都曾经试图想要利用电流从铝钒土中分离出铝来，实验都失败了。但是贝齐里乌斯却给这个未能取得的金属起了一个名字 alumien。这是从拉丁文 alumen 来。这个名词在中世纪的欧洲是对具有收敛性矾的一种总称，是指染棉织品的时候媒染剂。铝后来的拉丁名称 aluminium 和元素符号 Al 正是由此而来。1825 年，丹麦的化学家奥斯德发表实验来制取铝的经过。1827 年，德国的化学家武勒重复了奥斯德的实验，并且经过不断改进最终制取了铝。1854 年，德国化学家德维尔利用钠来代替钾并且还原氯化铝，并且制得了金属铝。

　　铝也是国民经济之中不可缺少的最基础的原材料，并且广泛用于建筑、包装、交通运输、电力等领域。在中华人民共和国成立 60 年以来，从勘探、采选、冶炼到加工，中国铝工业上下游齐全、产业链也比较完整，能够充分发挥整体的优势；从科技研发到工程设计，从工程建设到生产、物流服务，中国铝工业门类齐全、体系配套，能够充分保障铝工业得以健康的发展。

◎铝对人体健康有害吗？

　　在世界上有数百万的老人有老年痴呆症状。经过许多科学家研究发现，患有老年性痴呆症与铝有着密切的关系。经过研究还发现，铝对人体的脑、心、肝、肾的功能和免疫功能都具有一定的损害性。所以，世界卫生组织于 1989 年正式将铝确定为食品污染物而加以控制。

▶知识链接

　　从我国目前的基本水平来看，如果不认真注意，铝的摄入量就会超过标准。除了从氢氧化铝、胃舒平、安妥明铝盐、烟酸铝盐、阿司匹林等药物中摄入铝之外，每人每天要从食物中必须摄入 8 毫克～12 毫克的铝。由于经常使用铝制的炊具或者是餐具，所以容易使铝溶在食物中而被摄入大约 4 毫克。大量的铝还来自含铝的食品添加剂之中。含铝的食品添加剂经常用于炸油条、油饼等一些油炸食品。含铝的食品添加剂的发酵粉还经常用于蒸馒头、花卷、糕点之类。根据有关部门的抽查结果显示，每千克油饼中含有铅量超过 1000 毫克左右。如果吃一个人吃 50 克这样的油饼，那么就超过了每人每天允许的铝摄入量。所以，就要尽量少吃油炸食品，生活中尽量少用含铝的膨松剂，尽量避免使用铝制的炊具以及餐具，为我们的健康着想，更应该注意生活饮食方面的问题。

┃拓展思考┃

1. 铝制食品有什么危害？

2. 铝的熔点是不是非常高？

3. 铝是一种添加剂吗？都在什么中含有？

被分离出的氟

Bei Fen Li Chu De Fu

◎元素描述

氟气为一种苍黄色的气体，密度为 1.696 克/升（273.15K，0℃），熔点为－219.62℃，沸点－188.14℃，化合价－1，氟的电负性为最高，电离能为 17.422 电子伏特，是非金属之中最活泼的元素。但是，氧化功能比较强，能够与大多数含氢的化合物如水、氨和除氦、氖氩氮氧外一切无论液

※氟

态、固态、或者气态的化学物质发生反应。氟气与水的反应非常复杂，主要生成氟化氢和氧，以及一些少量的过氧化氢、二氟化氧和臭氧，也可以在化合物中置换其他的非金属元素。可以同绝大部分非金属元素和金属元素发生猛烈的反应，进而生成氟化物，并且发生燃烧现象。有极强的腐蚀性和毒性，在操作的时候应该特别小心，切勿使它的液体或者是蒸气与皮肤和眼睛接触。

◎氟的用途

液态氟可以用作火箭燃料的氧化剂。含氟塑料和含氟橡胶也有特别优良的性能。含氟塑料和含氟橡胶等高分子，具有一定的优良性能，用于氟氧吹管和制造各种氟化物。正是经过 19 世纪初期的化学家进行反复分析，所以肯定了盐酸的组成部分，确定了氯是一种元素

之后，氟就因为它和氯的相似性很快被确认为是一种元素，相应存在于氢氟酸之中。虽然它的单质状态一直拖延到19世纪80年代才被分离出来。但是氟和氯一样，也是自然界中广泛分布的元素之一，氟在地壳之中的含量仅次于氯。早在16世纪前半叶，氟的天然化合物萤石就被记述于欧洲矿物学家的著作之中，在当时这种矿石被用作是一种熔剂，把它添加在熔炼的矿石中，可以降低熔点。因此氟的拉丁名称fluorum从fluo（流动）而来。它的元素符号由此定为F。1789年，拉瓦锡在化学元素表中将氢氟酸基当作是一种元素。直到1810年戴维才确定了氯气是一种元素，同一年，法国科学家安培根据氢氟酸和盐酸的相似性质和相似组成，进而大胆地推断氢氟酸中存在一种新的元素。并且他建议参照氯的命名给这种元素命名为fluorine。但是其单质状态的氟却迟迟未能制得，直到1886年6月26日，由法国化学家弗雷米的学生莫瓦桑制得。莫瓦桑因此在1906年获得了诺贝尔化学奖，他是由于在化学元素发现的过程中作出贡献而获诺贝尔化学奖的第二人。氯在它的单质被分离出来30多年之后才被确认为是一种元素；而氟在没有被分离出单质状态以前就已经被确认为是一种元素了。这一史实说明人们在对待客观事物认识的过程中，已经逐渐掌握了它们的一些规律，并且很容易清楚地认识它们。

▶ 知 识 库

　　1813年，戴维使用他分离元素的杀手锏——电池，对发烟氢氟酸进行电解，试图想要获得元素状态的氟，最初他发现氢氟酸不仅只有强烈腐蚀玻璃的性能，还能够腐蚀银，所以用铂（Pt）及角银矿（主要成分AgCl）制作电解的装置，当实验开始的时候，阳极产生的一种性质极为活泼，同时把铂器皿也腐蚀掉了，但是没有获得理想的物质。后来他以萤石制作器皿用作氢氟酸的盛器再次进行电解，结果阳极产生了氧气（O_2），而不是氟（F_2），这意味着是酸中的水分被电解了，并不是氢氟酸，这时化学家才意识到：其实水分才是干扰成功的原因之一。戴维的努力最终以失败而告终，由于当时并没有明白氟化合物对人体造成的伤害，他因为严重氟中毒而被迫停止了研究，法国的盖·吕萨克等人也因为吸入过量氟化氢（HF）而导致中毒，最终退出了氟元素发现的争夺之战。

◎分离出桀骜不驯的氟元素

　　1852年9月28日莫瓦桑生于巴黎蒙托隆街5号，其父为东方铁路公司的一名职员，母亲则靠做些针线来补贴家用，莫氏少年时代饱尝贫困之苦，虽有志于学，他接受了五年多的初等教育，但因家境困窘，小学未毕业而被迫辍学。1870 年，他到巴黎一所名为班特利（Brandry）的制药店任学徒，1872 年，以半工半读形式受教于弗累密及台赫伦（Deherain）两位教授，他的才华被台氏看中并劝其从事化学研究，27 岁那年得到高等药剂师证书，翌年发表了关于铬氧化物的论文而获物理学博士学位。1881 年，授聘于巴黎药学专门学校担任实验助理，并在化学教授的弗累密的指导下从事提取氟元素的研究课题。莫氏总结前人分离氟元素失败的原因，并以他们的实验方案作为基础，为了减低电解的温度，他曾选用低熔点的三氟化磷及三氟化砷进行电解，阳极上有少量气泡冒出，但仍腐蚀铂电极，而大部分气泡仍未升上液面时被液态氟化砷吸收掉，分离又以失败而告终，其中还发生了四次中毒事件而迫使暂停试验。

◎诺克斯兄弟设计的实验装置

1836 年，两名苏格兰人，爱尔兰科学院院士乔治·诺克斯以及托马士·诺克斯兄弟，以萤石来制作了非常精巧的器皿，他们在其中放置了氟化汞，并且在加热的状态下以氯气处理，当实验进行了一段时间后之后，反应器内就产生了氯化汞的结晶，但是同时他们发现器皿上方的接受器放置的金箔上被腐蚀了，为了研究出金箔为什么被腐蚀的原因，所以就把金箔放在玻璃瓶之中，并且注入浓硫酸，令人惊奇的结果是玻璃也被腐蚀了，这无疑就是氟元素转移到了金箔上面，而配合产物中的氯化汞似乎可以解释为氟化汞被分解所以产生了氟，并且被腐蚀了金。他们在实验期间累积了氟化氢的毒，托马士因为氟中毒而受到很大的重创，乔治被送往意大利休养近三年之后才逐渐康复，之后比利时化学家鲁耶特（LouyetP，1818～1850）没因诺克斯兄弟的受伤而决心延续他们的实验，他虽然认真地进行着实验，但是因为长时间接受氟毒，并且中毒太深，最终为科学而丧生，时年 32 岁。他们都是化学发明历史上的勇敢者！

◎分离氟元素的启蒙者弗累密教授哥尔博士

1850 年，法国自然博物馆馆长兼化学教授的弗累密以电流分解氟化钙（CaF2）、氟化银（AgF）及氟化钾（KF），阴极分别产生了金属钙、金属银及金属钾，最引人注目的阳极就像是有气体放出，但是因为电解的温度非常高，当它出现的时候立即和周围的物质（如电极及器皿等物件）化合，所以形成了稳定的化合物，而且使电极绝缘，进而阻碍了电解的正常进行，所以最终无法进行阳极物质的收集。之后他电解无水氟化氢，但是仍然没有获得成功，后来他证明类似诺克斯兄弟以氯处理氟化物的方法，由于实验条件的影响，结果只能够得到氟化氧（OF_2），并不是氟。此时化学家们都感受到：这个氟元素好像是太活泼了，当任何物质和它接触的时候都会被腐蚀，弗累密认为这个元素似乎无法分离，并且把这些没有希望成功的实验方案搁置了，1869 年英国化学家哥尔博士电解氟化氢，可能是曾经产生了少量氟气，但是和阴极产生的氢作用发生了爆炸现象，为了改善电极的性能，他曾选用碳、铂、钯和金等，但是最终仍被阳极释出的物质所腐蚀，他在实验报告中提出：必须降低电解的温度，以减弱氟元素的活泼性质，这样分离才有成功之机，在 17 年之后，1886 年 6 月，弗累密的学生莫瓦桑最终获得了成功。

| 拓展思考 |

1. 氟的腐蚀性高吗？为什么？
2. 氟在水中会发生什么反应？
3. 你知道氟在生活中扮演什么角色吗？

经

第五章

过分析创造发现元素

JINGGUOFENXICHUANGZAOFAXIANYUANSU

　　大千世界，无奇不有，科学技术也随着时代的进步而不断地发展。化学元素也经过科学的探索和实验，经过分析从而发现未知的元素。让这些元素从此可以问世，来展现这些元素的另一面——在生活中的用途。本章就为你讲述经过实验创造发现的一些元素。

稀散成员铯、铷和铊、铟

Xi San Cheng Yuan、Se、Ru He Ta、Yin

光谱分析相对化学分析要更灵敏些，在地壳之中含量比较少的铯、铷、铊、铟等等，在逃过了分析化学家们的手之后，就被光谱分析的关卡一一逮住，并且对其进行进一步研究。就在本生和克希荷夫创建光谱分析的这一年中，1860 年，他们用分光镜在浓缩的杜

※ 铟

克海姆矿泉水中发现有一个新的碱金属存在。于是他们在一篇报告中叙述着："蒸发掉 40 吨矿泉水，把石灰、锶土和苦土沉淀后，用碳酸铵除去锂土，得到的滤液在分光镜中除显示出钠、钾和锂的谱线外，还有两条非常明亮的蓝线，在锶线附近。""现在并没有已知的简单物质能够在光谱的这一部分中能够显现出这两条蓝线，因此可以大胆做出结论，其中一定有一种未知的简单物质存在，并且是属于碱金属族。我们建议把这一新的简单物质称为铯，符号为 Cs，在古时候人们喜欢用它来指晴朗天空的蓝色。这个简单物质即少至 1 毫克的数百万分之一，混合着苏打、锂土和锶土物质，其白热蒸气的美丽蓝色也能够明显地显示出来，所以就认为采用这个名称，并且我们认为也是非常适合的。"

在几个月之后，1861 年初期，他们宣布，从鳞云母矿中发现了第二个新元素。他们向柏林科学院递交的报告中说："我们将鳞云母矿物制成溶液，在溶液中除碱金属外，并没有含有其他的元素，把它倾

入氯铂酸中就会出现沉淀的现象。""将该沉淀用沸水洗涤数次，每洗一次就可以用分光镜进行检验，发现在钾线和锶线之间显现两条明亮的紫线，在光谱的红色、黄色和绿色部分也出现数条明线。这些线中并没有一条是属于至今已发现的元素的。由于新的碱金属能够显现出明亮的深红线，就用古人表示深红色的 rubius 称它为 rubidium。"它的元素符号就定为 Rb，我们译称铷。

将铂溶解在通入饱和氯气的盐酸中制成氯铂酸。当它遇到钾、铷、铯以及铵的离子就会生成一种难溶的相应氯铂酸盐沉淀物质，因此可以用来检验这些离子。

▶知识库

> 一种含有碱金属、铝、铁、钙、镁的硅酸盐，其中含铷约 3%、铯 0.7% 鳞云母或者称为红云母。还有一种含铯量高达 30%～36% 的含碱金属的矿物铯榴石，1846 年，德国弗赖贝格冶金学教授普拉特勒曾经对这种矿物质进行分析，并且得出各成分的量总和为 92.753%，不到 100%，他认为是由于水分的丢失，所以没有对其进行进一步研究。1864 年，发现铯之后，意大利化学家庇萨尼重新分析了这一矿石，发现普拉特勒误把硫酸铯当作硫酸钠和硫酸钾的混合物了。于是分析出来的铯就在他手中溜走了。

1882 年，金属铯才由德国化学家塞特贝格电解氰化铯和氰化钡的混合物获得。19 世纪 80 年代里，俄罗斯化学家贝凯托夫利用镁在氢气流中还原铝酸铯，并且获得了金属铯贝凯托夫还原铝与氢氧化铷作用，获得金属铷。1861 年，英国化学家克鲁克斯从事硫酸工厂的烟道灰中提取硒的工作，用分光镜检查物料的时候，发现在光谱的绿色区域中有一条新线，于是就断定其中含有一种新元素，就把它命名为铊，来自希腊文 thallos，就是"绿枝"的意思。这个新元素的元素符号就被定为 T1。

1861 年 3 月 30 日，他的第一篇报告出版，是在他主编的《化学新闻》杂志上发表的，题目是"论一种可能是硫族新元素的存在"。克鲁克斯最初的时候认为这种新元素是一种非金属，和硫也非常相似，只是后来才确定它是一种金属。从 1861 年春天到 1864 年的夏天，他发表了关于铊的多篇论说，包括在 1862 年 6 月 19 日在英国皇家学会会议上宣读的"关于铊的预备性实验"。克鲁克斯还在 1862 年 5 月 1 日向英国举办的国际博览会提交了提取得到的少量黑色粉末状的金属铊。这次博览会议引起了广泛的重视，许多报纸都报道了它的盛况。在这次会议中，欧美一些大公司和许多科学家的参加促进了博览会的成功。在 6 月 7 日展览会上，克鲁克斯从博览会秘书那里得知，法国里尔市一位物理学教授拉密也向博览会提交了 6 克重的金属铊锭。拉密的岳父拥有一家生产硫酸的工厂。他的岳父从黄铁矿煅烧之后留在炉底的沉渣中提炼出了硒。拉密在 1862 年初用光谱分析方法研究了提炼出的硒，并且从中发现了从未曾见过的绿色谱线，1862 年 4 月得知克鲁克斯的报告后，才知道铊的名称，并且明确该绿色谱线属于铊。他成功地制得纯净的三氯化铊，并且利用电池电解除了它，获得了金属铊，于 6 月 23 日在巴黎科学院宣读了"关于新元素铊的存在"论文，论说了铊的物理性质和化学性质，并且明确地认为它是一种金属，比较精确地测定了铊元素的原子量、化合价等，并且首先在动物的身上进行铊的毒性研究。

就这样，两位科学家之间发生了关于优先权的争论。两位科学家都各说各理，并且两位科学家各自的论据都十分尖刻并且相互排除。拉密指出，克鲁克斯获得铊的量如此之少，无法确定铊的准确化学属性，因此也未能够提炼出金属铊。克鲁克斯则更坚持是他首先发表第一篇关于铊的论说的文章，同时也正是他首先取得金属铊的样品，并且在英国皇家学会上进行展示。国际博览会在颁发奖章中也涉及到两位科学家间的争论，在颁发优秀样品金质奖章获得者名单中只有拉密的姓氏，而没有克鲁克斯。1862 年 7 月 14 日，克鲁克斯给博览会评委会寄去了一份抗议书："我是继戴维爵士之后发现新元素的第一位英国人，比起我得到的荣誉来，获得博览会的奖章是次要的。"于是评委会对其纠纷问题再次举行会议，并且决定授予克鲁克斯一枚发现铊元素的金质奖章，授予拉密一枚提炼出第一块金属铊锭的奖章，并且指出第一份获奖者名单中对克鲁克斯姓氏的遗漏"只不过是公文上"的差错。巴黎科学院同时也作出了相关的决定，指出克鲁克斯确定了铊元素的存在，拉密提炼了金属铊。

铊在自然界之中多与黄铁矿结合。黄铁矿是制取硫酸的原料，所以铊最开始是从硫酸厂的烟道灰尘和炉底的沉渣中发现和实验取得的。

当铊被发现和取得之后，德国弗赖贝格矿业学院物理学教授赖赫对它的一些性质比较感兴趣，所以希望得到足够量的这种金属来对其进行实验的研究。1863 年，他开始从夫赖堡希曼尔斯夫斯特矿地出产的锌矿中寻找这种金属。这种矿石所含主要成分是含砷的黄铁矿、闪锌矿、辉铅矿、硅土、锰、铜和少量的锡、镉等等。赖赫认为其中还可能含有铊。虽然在实验中比较浪费时间，并没有获得他所期望的元素，但是他却在实验中得到了另一种不知成分的草黄色沉淀物。于是他认为这是一种新元素的硫化物。

只有利用光谱分析来证明这一假设，可是赖赫是一位色盲，他只能够请求他的助手李希特来进行光谱分析实验。李希特在第一次实验时就获得了成功，他在分光镜中发现一条靛蓝色的明线，位置和铯的两条蓝色明线不相吻合，就从希腊文中"靛蓝"一词命名它为铟。两位科学家共同署名发现铟的报告。不过在当时有人说李希特力图表示他才是铟元素的唯一发现人，以致赖赫深感遗憾。也有人说当时赖赫表示两人共同署名是非常不公平的，发现新元素的荣誉应该是只属于李希特。不管他们之间怎样相互竞争，还是相互谦让，正如克鲁克斯和拉密争论铊的优先发现权一样，总是会得到世人们公平的判断。不过分离出金属铟还是他们两人共同完成的。他们首先分离出铟的氯化物和氢氧化物，利用吹管在木炭上还原成金属铟，于 1867 年 4 月在法国科学院展出。

▶ 知识链接

　　铊和铟在地壳中的分布量都相对比较小，并且也比较分散。它们的富矿还没有发现过，只是在锌和其他一些金属矿中作为杂质存在，因此它们被列入稀有金属，人们只有利用光谱分析从含有它们的矿石或废渣中把它们发掘出来。

拓展思考

1. 铯、铷是怎么发现的？铊、铟又是怎么发现的？
2. 你亲手做过哪些有趣的化学实验？
3. 你听说过黄金和白银的造价技术吗？

利用光谱分析发现镓

Li Yong Guang Pu Fen Xi Fa Xian Jia

化学元素的发明到认证
也经历复杂的程序。
在化学元素周期系逐渐建
立的过程中，性质相似的
一些元素已经被一些化学
家们进行了认证，并且接
受。在当时法国化学家布
瓦邦德朗对光谱分析也进
行着长期的研究工作，并
且观察到同族元素的谱线

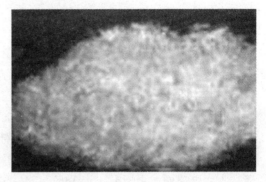

※ 镓

以相同的排列重复出现，存在着非常规律的变化。他发现，在铝元素这
一族中，在铝和铟之间缺少一个重要的元素。从 1865 年开始，他用分
光镜寻找这个元素，分析了许多的矿物，但是依然没有成功。1868 年，
他收集到法国与西班牙边界线比利牛斯山的锌矿，于是对其进行了长期
的分析工作，经历了 7 年的时间，在 1875 年才被确定为一种新元素的
存在。这种锌矿，在 16 世纪的时候，德国的矿物学家阿格里科拉曾经
认为这是一个没有用处的铅矿，一直到 18 世纪瑞典化学家布朗特才认
为它是一个含锌量非常高的的矿石。现在知道它是闪锌矿，并且其中含
有铟和镓。

1874 年 2 月，布瓦邦德朗将这个矿石进行溶解之后，在溶液之中
放入金属锌，发现在锌片上产生了沉淀生成。于是将此沉淀在氢氧焰中
进行灼烧，并且用分光镜进行检视的时候，发现有两条从来没有看到过
的新线，但是当将此沉淀在煤气灯焰中灼烧时，却又看不到新线的存
在。1875 年 8 月 27 日，布瓦邦德朗发表的发现镓经过中的记述。当时
布瓦邦德朗认为："这种新物质在我手头的量实在是太少，根本就不容
许我从混在大量的锌中把它分离出来。"于是他把它浓缩在几滴氯化锌

中，在电火花中进行显示光谱，并且观察到由非常长并且容易看见的紫色光线所组成，位置大致在波长标度为 417 的地方。在波长 404 处也能够看到很淡的光线。1875 年 9 月，布瓦邦德朗在法国化学家们面前表演了一组实验，以此来证明一种新元素的存在。他用法国古代罗马帝国时期的地区名称 Gallia（高卢）命名它为 gallium，元素符号为 Ga。就是我们现在所称的镓。

同年 11 月，布瓦邦德朗将制得的氢氧化镓溶解在氢氧化钾之中，利用电极电解，并且获得了 1 克多的金属镓。在当时法国科学院公布镓的发现论说之后，很快就接到了来自俄罗斯门捷列夫的来信。在信中门捷列夫非常肯定地说，布瓦邦德朗发现镓的性质并不是完全正确，特别是这个金属的比重不应当是 4.7，而应当是 5.9～6.0。这使布瓦邦德朗顿时感到非常惊异，那么到底是谁首先发现镓的呢？他感到非常疑惑，难道不是他自己吗？于是他仔细地清除了镓盐中的一切杂质，并且重新开始计算镓的比重，结果获得的数值正是 5.96。布瓦邦德朗在后来发表的一篇论文中写到："我认为没有必要再来说明门捷列夫先生的这一理论的伟大意义了。"

知识链接

　　早在 1871 年，门捷列夫就在俄罗斯化学会杂志上发表了一篇文章，那篇文章的题目就是《元素的自然体系和运用它指明某些元素的性质》，其中讲到："在这一族第五列元素中，紧接在锌后面应该具有原子量接近 68 的一个元素。因为这个元素在第Ⅲ族，紧接在铝的下面，所以我们称它为类铝。这个金属的性质在各方面应当是从铝的性质向铟的性质过渡，是完全可以进行设想的，并且这个金属将比铝具有更大的挥发性质，因此它将可能有希望在光谱的研究中被发现。"

拓展思考

　　1. 把镓元素放到水中会产生什么反应呢？

　　2. 镓元素在我们的生活中有什么作用吗？

镱、钪、钬、铥、镝的发现

1842 年，莫桑德尔从钇土中分离出铒土和铽土之后，就有不少的化学家利用光谱开始分析鉴定，并且最终的结果确定它们并不是一种纯净元素的氧化物，这就更加鼓励了化学家们继续对它们进行分离的研究。在经历了 30 多年之后，1878 年，瑞士化学家马里尼亚克从铒土中终于分离出了一个新元素的氧化物，并且把这个新元素称为 ytterbium，符号为 Yb，就是我们今天的镱。这一名称正如钇、铒以及铽一样，全部都是来自瑞典的乙特比的小镇，因为在那里发现了钇的矿石。

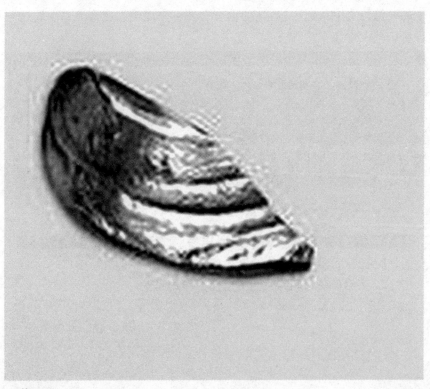

※ 镱

在镱土发现之后的第二年，即 1879 年，瑞典化学家尼尔松又从镱土中分离出一个新的土，并将其称为钪土，元素称为钪，符号为 Sc。就是斯堪的纳维亚半岛，瑞典和挪威就在这个半岛上面。尼尔松在从事研究含有稀土元素的黑稀金矿，希望能够测定出各个稀土元素的化学和物理的常数，并且验证出元素周期律。但是他的这一项研究并没有成功。但是却从矿石中分离出一个新的元素——钪。

知 识 库

瑞典化学家克利夫在对钪的性质进行研究了之后，并指出钪就是门捷列夫预言的类硼。在 1869 年门捷列夫就发现了元素的周期律，并且一直深信这一规律是客观存在的。他依据这一规律开始修正当时测定的一些元素的原子量，并且根据这个规律进行分类。在他建立的元素周期表中也留下一些当时并没有被发现的一些元素的空位，把它们称为 Eka 某［类（似）某（元素）］，并且根据邻近元素的一些性质，对它们的性质也进行了预言，后来这一预言也被多方面证实，而钪就是一例。

把门捷列夫预言类硼的一些性质和钪的性质进行比较，就可能非常清楚地看到这一点。在德国化学会关于发现钪的报道中尼尔松写道："毫无疑问，俄罗斯化学家的见解如此明显地被证实了。他不但预言了他所命名的元素确实存在，而且还预先举出了它的一些重要性质。"在尼尔松从氧化铒中分离出氧化镱之后，又从其中发现钪的同一年，在 1879 年，克利夫把取得的氧化铒分离出氧化镱和氧化钪后，对其继续进行分离，又得到两个新元素的氧化物。他把它们分别称为钬（Holmia）和铥（Holmia）的氧化物，这两个元素的命名都有一定的寓意，前者是为了纪念他的出生地方，瑞典首都斯德哥尔摩古代的拉丁名称 Holmia；后者是为了纪念他的祖国所在地斯堪的纳维亚半岛，古代人称这一地方为 Thulia。钬的元素就用 Ho，铥的元素符号曾用 Tu，而今天就用 Tm。钬在被人们分离出 7 年之后，1886 年，布瓦邦德朗又把它一分为二，为了能够保留住钬，另一个称为 dysprosium（镝），元素符号定为 Dy。这一词来自希腊文 dys－prositos，意思就是"难以取得"的意思。在这段期间，另一些化学家们还从另一些含稀土元素的矿物中又发现了另一些稀土的元素。例如在 1886 年发现镝的存在，奥地利化学家林内曼从褐帘石中发现 austrium，以纪念他的祖国奥地利（Austria），褐帘石是含铈的硅酸盐，还含有钙、铝、铁等金属元素。1887 年，切劳斯特乔夫从独居石中发现 russium，为了纪念他的祖国俄罗斯（Russia）。就将独居石又名为磷铈镧矿。

知识链接

从独居石中发现的稀土元素还有 damarium 和 lucium 等，damarium 这一命名来自 damar 或写成 dammar，是一种生长在印度等地的树木，可以用来生产树脂。它是 1894 年德国化学家劳埃和安兹发现的。lucium 一词就是指"光明"的意思，1896 年由法国化学家巴里埃发现的。从褐帘石之中发现的稀土元素还有 junonium、vestium、sirium 等。junonium 来自希腊神话故事中妇女婚姻和生产的美丽女神 Juno。早在 1811 年，英国化学家汤姆森就提出发现它了。vestium 和 sirium 是同一元素的命名，只是一个在前，一个在后。前者来自希腊神话中的女灶神 vesta，后者来自天狼星 Sirius。它是早在 1818 年德国《物理年鉴》杂志编辑吉尔伯特宣称发现的。可是比较遗憾的是它们都没有被肯定，被肯定的只是镱、钪、钬、铥和镥。

拓展思考

1. 镱、钪、钬、铥、镥元素哪个比较活泼？
2. 镱、钪、钬、铥、镥是什么时候发现的？

有趣的化学——元素的发明与利用

铕和镥的问世

You He Lu De Wen Shi

稀土元素的发现也经历了很长的时间。从 18 世纪末到 20 世纪初已经经历了 100 多年的时间，并且发现了数十个左右，但是只被肯定了其中的十几个而已。那么它们究竟有多少，至今仍然是一个未知数，并且化学家们也在不断地在寻找中。在当时，发现者们发现它们的时候，没有想到该给它们一个适当的命名，于是就用一些拉丁字母或者是希腊字母来表示。在它们中之间，有的后来被证实就是被肯定的某一元素，只是那些发现者并没有给它们戴上桂冠。

E 是在 1910 年由德国化学家爱克斯勒和哈斯切克利用光谱分析从铽中发现的一个新元素，到了后来被人们确定为混合物。可是在被肯定

※ 镥

发现的那些稀土元素中多数也是混合物。S1 是 1886 年由法国化学家德马赛从钐中分离出来的一个新元素，在当时也遭到了一些人的否定，但是后来事实证明发现的钐本身就不是一种非常纯净的元素。X 是在 1878 年由瑞典化学家索内特从铒中分离出来的，第二年克利夫从铒中分离出两种新元素铥和钬，他和索内特一致认为 X 和钬是同一元素，但是钬的发现者被认为是克利夫，并不是索内特。Z 是在 1886 年由布瓦邦德朗从铽中发现的一个新的元素，后来就被证明是铽。1885 年，布瓦邦德朗利用光谱鉴定铽中存在两种新元素，分别命名为 Za 和 Zb，到了 1886 年又鉴定存在第三种新元素，就又命名为 Zg。后来证明 Za 是镝，Zb 是铽，Zg 也是镝。这个时候镝被认为是布瓦邦德朗发现的。

1892 年，布瓦邦德朗又利用光谱进行分析，并且鉴定钐中确实存在两种新元素，分别命名为 Ze (epsilon) 和 Zz (zeta)。1893 年，他又证明 Zz 和克鲁克斯在 1887 年从钇中鉴定的 Sd (delta) 非常相似，1906 年，德马赛确定 Sd、Ze、Zz 就是同一种元素，命名为 europium (Eu)，我们称为铕，并且得到了公认。europium 来自欧洲。但是铕的发现人被认为是德马赛，而不是布瓦邦德朗，也不是克鲁克斯，不在 1892 年，也不在 1887 年，而是在 1906 年。铕被认为是 20 世纪初期被发现的一个稀土元素。1900 年，德马赛在利用光谱分析，并且研究钆、铽、铒和钇等元素中又发现了四种新的元素，分别用希腊字母大写体 G (gamma)、D (delta)、Q (theta) 和 W (omega) 来表示。到 1906 年，他又从钐中分离出一种新元素，又用 S (sigma) 来表示。后来证明 G 是铽，D 是镝，S 是铕，Q 和 W 并没有被证实。而在 20 世纪初，发现并且表示肯定的稀土元素中还有镥。这是 1907 年法国化学家乌尔班从镱中分离出来的。他把镱一分为二，一个称为 neoyttezbium（新镱），另一个就称为镥 lutetium (Lu)。镥的拉丁名称来自 Lutetia，是法国巴黎的一个古名，是乌尔班的出生地。新镱后来被人们证明为镱。同年，威斯巴赫也从氧化镱中分离出两种新元素的氧化物，将这两种新元素分别称为 aldebaranium 和 cassiopeium，前者来自天文学中牧牛星座中一等红星 Aldebaran，后者来自天文学中仙后星座 Cassiopeia。它们曾被化学家们分别以 Ad 和 Cp 为元素符号，按照原子量的大小在元素周期表之中排列在镱 Yb 和镥 Lu 的前面。但是后来经过事实证实 aldebaranium 和镱是同一种元素，cassiopeium 和镥也是同一种元素。

但是乌尔班发现的镥并不是纯净的，而威斯巴赫获得的才是纯净的铽。乌尔班发表报告比威斯巴赫早几个月。虽然化学家们认为威斯巴赫的结果相对更可信一些，但是镥的发现人还是被认为是乌尔班，铽就被留在了历史中。1916 年，艾德尔又从威斯巴赫发现了镱，并且利用光谱分析发现了两种新的元素，并且分别用天文学中的星座命名它们为 denebium 和 dubhium，但是它们的寿命并不长，它们很快就夭折了。1911 年，乌尔班还宣布发现了 celtium，并且把它放置在元素周期表中镥的后面。于是这个有争议的元素由于乌尔班的坚持，一直到 20 世纪 20 年代在铪的发现后才被否定。

▶ 知识链接

> 1913 年，英国物理学家莫斯莱测定了各种金属特征 X 的波长，并且按照波长大小排列后发现排列的次序与它们在元素周期表中排列的次序是一致的，并且建立了元素的原子序数，使稀土元素也有了各自的编号。同年，丹麦物理学家玻尔应用量子论提出原子结构的模型，并且指出 71 号稀土元素镥的外层电子已经达到了全充满。而这些使化学家们认识到稀土元素到镥已经终止了，只是还缺少一个 61 号的元素。但是 61 号的元素根本就不存在于自然界之中，只是到 1945 年才被人工制得它。

20 世纪初期，铕和镥的发现已经完成了自然界中存在的所有稀土元素的发现。铕和镥的发现可以认为是打开了稀土元素发现的第四座大门，并且完成了稀土元素发现的第四个阶段。今天在冶金工业、石油工业、玻璃陶瓷工业、照明材料和激光材料制备的过程中，稀土元素得到了广泛应用，是化学家们经历了 100 多年辛勤劳动的成果。经过勘探，已经知道我国是世界上稀土元素储量最多的国家，而这些比较丰富的资源也在我国建设中发挥重要的作用。

拓展思考

1. 为什么说铕和镥是比较稀有的元素呢？
2. 铕和镥在生活中的作用是什么？
3. 铕和镥在空气中会有什么反应？

太阳元素氦

Tai Yang Yuan Su Hai

1868 年 8 月 18 日，法国天文学家詹森赴印度去观察日全食，利用分光镜观察日珥，从黑色的月盘背面中突出的红色火焰，看见了一种彩色的线条，是太阳喷射出来的炽热气体的光谱。詹森发现有一条黄色的谱线，接近钠光谱中的 D1 和 D2 线。日蚀之后，他同样在太阳光谱中观察到这条黄线，并且称为 D3 线，但是却没有能够确定是由什么物质所产生的。于是他写信把他的发现报告给法国科学院。由于当时的交通并不方便，这封信就在路上走了两个多月，终于在 10 月 26 日到达了巴黎。

但是非常凑巧的是，就在同一天，法国科学院收到从英国寄来的信。这是英国天文学家洛克耶在 10 月 20 日写的。报告中叙述的竟然是同一件事情。洛克耶在英国也用分光镜在太阳光谱中观察到同样的黄线，最初被认为是由氢形成的，但是经过进一步研究，认识到是一条不属于任何已知元素的新线，而是因一种新的元素所产生的，于是就把这个新元素命名为 helium，来自希腊文 helios（太阳），元素符号定为 He，就是我们今天所说的氦。而且这两封信同时在法国科学院进行宣读。大家都感到十分惊讶，决定铸造一块金质纪念牌，一面雕刻着驾着四匹马战车的传说中的太阳神阿波罗（Apollo）像，另一面雕刻着詹森和洛克耶的头像，而且这是第一个在地球之外，在宇宙中多发现的元素。

事情经过了 20 多年后，拉姆赛在发现氩后，他的一位朋友梅尔斯告诉他，在一本旧的美国地质杂志上曾经刊登过一篇文章，在发现氩后是值得注意的。文章的著作者是美国地质学家希尔布朗德。他在文章中曾经讲述到，在 1888~1890 年间，发现沥青铀矿和钇铀矿经硫酸或碱性碳酸盐于是进行处理之后，就放出了一种气体。这种气体既不能燃烧，也不能够助燃；既不能使石灰水变得异常浑浊，也没有硫化氢的恶臭味，所以就认为是氮气。这促进了拉姆赛对钇铀矿中所放出的这种气体的研究。他购得约1克钇铀矿。他的助手特拉弗斯把这种矿粉放进了硫酸中进行加热，果然就冒出了气泡来，获得几个立方厘米的气体。气体经过净化之后，装入观察光谱用的玻璃管中。这种管子中间非常细，并且两头比较粗。从管的两端往管中焊了两条白金丝。当需要研究某种气体光谱的时候，就把这种气体灌到管子里焊死，然后沿着白金丝往管子里进行通电。在电流的作用之下，在管子最细的地方，气体会发出一些亮光，这个时候就可以用分光镜观看它的光谱。

※ 氦气球

拉姆赛把钇铀矿里面放出来的气体装进一个管子之中，并且观察看到气体的光谱：一条黄的和几条微弱的其他颜色。起初他认为这条黄线是由于钠产生的，可能是白金丝沾了一点含盐的污垢。但是在经过仔细观察后明确它并不是钠，而是属于某一种其他物质。于是经过一段思考之后，终于回忆起詹森和洛克耶发现的那条黄色 D3 线。拉姆赛没有仪器测定谱线在光谱之中的具体位置。他把充有新气体的光谱管寄给了当时最优秀的光谱学家之一——伦敦物理学家克鲁克斯。拉姆赛也没有把自己的想法告诉克鲁克斯，只是说他发现的气体是氪。他只是表明他找到了一种新的气体，建议把它叫做"氪"（krypton，来自希腊文 kryp-tos，"隐藏"的意思），请克鲁克斯经过仔细测定新气体的谱线在光谱里的位置。1895 年 3 月 23 日，克鲁克斯给拉姆赛发去了一封电报：氪就是氦。这样，氦在地球上也就被人们所发现了。当拉姆赛在地球上发现氦两星期之后，瑞典化学家克利夫和他的学生兰格莱特也从钇铀矿中得到氦。同年，德国卡塞利用分光镜鉴定空气中含有一定的氦。接着就有人报道说，在德国黑森林（BlackForest）威尔巴德（Wilbad）天然气中也发现了氦。

还有人曾经提到，在1881年的时候，意大利科学家巴尔米尼曾经发表过一篇文章，讲述到在维苏威（Vesuvius）火山熔岩的光谱里也曾看到过氦的黄线。这比拉姆赛早14年在地球上发现氦。但是还有一些人则认为，熔岩里的氦是非常少的，很可能那个黄线是属于钠的并不是氦。

知识链接

在物质的放射性被发现并开始进行研究的时候，就已经明确，所有地球上的氦都是来自地壳中的 α 的放射性元素，就像铀、钍等放射的结果，例如铀-238放射出 8 个 α 粒子，形成铅-206；钍-232放射出 6 个 α 粒子，最后衰变成铅-208。这些 α 粒子即氦核，很容易从周围岩石中吸取出来 2 个电子，变成中性氦原子。同时这也就说明了，氦从含铀、钍等的岩石中扩散进空气之中。在含有放射源的沉积岩床之中，有机物分解产生天然气，因此氦和天然气就一起从岩石之中扩散出来。

拓展思考

1. 氦是什么时候发现的？
2. 氦有什么作用？氦是在哪里发现的？